Advice 51

工程師的養成和成長

| 高科技競爭時代各領域工程師的**職場生存策略** |

匠習作 / 著

許郁文 / 譯

木馬文化

前言

工程師是讓世界變得更美好的職業

我想，正在閱讀本書的你，已經是工程師或想成為工程師的人。你的判斷非常正確，大可充滿自信地這麼告訴自己。工程師能藉由想出新的點子而掀起創新巨浪，是一個足以完成夢想的超棒職業。

不過剛成為工程師的你只是一塊璞玉，是一塊將來可能大放異彩的原石，所以本書想告訴你的是，如何讓璞玉變寶玉的「工程師成長攻略」。成長不是為別人，而是為你自己。

這世上的確有將原石打磨成寶石的工程師成長攻略。

雖然有時會遇到一些痛苦，但是再也沒有像工程師這項職業，能使用最前衛的科技，絞盡腦汁，為安全與舒適的世界做出貢獻。請你務必成為寶石，實現自己的夢想。

工程師身處的環境非常嚴苛。要求的標準不斷提升、成本競賽也越來越激烈。常言道「一技在手，一生受用」，但其實就連工程師也害怕被裁員，總是戰戰兢兢工作著。

今後的工程師必須依照自己的判斷規畫人生，必須一邊以PDCA循環檢視工作，一邊積極地實現自己的夢想。在工作的過程中融入自己的興趣、能力、夢想、專長。這就是二十一世紀工程師最理想的樣貌。

為此，本書要教大家非常具體的方法，讓你不斷地自行鑽研日新月異的技術，同時一邊快樂地學習，一邊實現自己規畫的人生。

大家應該知道巴黎的艾菲爾鐵塔吧？

就算沒到現場看過，也應該聽過吧？而且也曾經從電視、照片或網路看過外觀吧。

雖然艾菲爾鐵塔這麼有名，卻很少人知道它的名字是怎麼來的。在沒有電動起重機的時代，要蓋高度超過三百公尺的高塔，可是難如登天。不過有位建築師（工程師）想出了建造方式，他的名字就是亞歷山大·居斯塔夫·艾菲爾。他既是艾菲爾鐵塔的設計者，也是承包這項工程的艾菲爾建設公司的總裁。

艾菲爾生於一八三二年，是一位專攻建築物結構設計的工程師。

一八六六年與資本家的學弟合夥設立艾菲爾公司之後，自此建造了萬國博覽會展覽館、車站大廳、教堂、瓦斯工廠、鐵道高架橋、臨時便橋、活動橋、天文台的圓形天花板，以及各種鋼骨構造建築物。

鋼鐵是十九世紀的技術象徵，當時是從石材建築物遷移至鋼鐵建築物的時期。鋼鐵建築物比石材建築物強韌、輕量，所以基礎工程也相對簡單。

雖然當時是沒有電氣熔接技術的時代，卻能以鉚釘接合鋼骨，所以只要工廠生產的是正確的鋼材，之後就能利用鉚釘接合鋼骨，蓋出一棟棟的建築物。建造速度之快，從當時的標準來看快得驚人。

艾菲爾鐵塔的工期快得讓人驚訝。不僅二年二個月就完成，而且沒有任何因工死亡的工人。

此外，艾菲爾在一九〇三年過了七十歲之後，開始投入風力的相關研究。求知欲旺盛的他，透過對風力的科學解析，確立了風力科學，也某種程度地具體呈現風的現象，這點對於一九〇三年萊特兄弟的飛機實驗以及飛機的進步也有相當大的貢獻。

最後，一九二三年他在自己設計的巴黎自宅逝世，享年九十一歲。過著如畫一般美麗的工程師人生的艾菲爾，就某種程度而言，是有計畫地控制著自己的人生。

當然，他不可能什麼事都一帆風順。

一八八四年，杜魯河的艾佛高架橋在建造途中發生嚴重的工安事故。或許是因為那次的意外，艾菲爾鐵塔工程現場的安全管理非常徹底，才會沒有半個犧牲者。以失敗為起點，思考下一步，不犯重複的過錯。這也是值得工程師效法的特質。

技師＝工程師。

那麼工程師到底是什麼呢？一言以蔽之，就是發明家。

工程師（Engineer）的 Engine- 的語源為拉丁語的 ingenium，而 -gen- 這部分的意思是「產生」，另外還有一個語源相同的單字就是「Ingenious（獨創的）」。此外，一八一八年，在英國組成的世界第一個土木工程學會也將「Engineering」（工程學）定義為「讓存在於大自然的莫大動力成為人類助力的技術」。

本書針對現代工程師提出建議，教他們如何訂立計畫，才能享受這一行的職業生涯。說得更清楚一點，與其說是訂立計畫，倒不如說正是因為身為工程師，所以該規畫自己的人生。

在被譽為資訊社會的今日，知識的價值已大幅下滑，但是利用增加的資訊與知識，創造新事物的智慧，以及應用新事物的「能力」，卻仍然保有價值，不，應該說成水漲船高才對。

由於拼圖的碎片變多，所以挑出必要的碎片以及組合這些碎片的能力也變得非常重要。

該怎麼做才能獲得這些能力呢？

本書希望成為你規畫工程師人生時的藍圖。該如何確定目的與功能，讓你的才能與喜好得以合理發揮，這正是本書關注的事情。

由於各章是獨立的，所以從哪一章開始都無妨，也不需要全書閱讀，只要挑出有興趣的部分即可。請大家放輕鬆地跳著讀即可。遠比閱讀重要的是實踐。以身為作者的我這麼說或許有點奇怪，就是，其實你根本不該有時間慢慢閱讀本書。

第一章：闡述規畫人生的重要性，而目標則是成為「π」型工程師。我會說明什麼是「π」型，也會說明工程師本來該堅持的事物。

第二章：分析自己，談論今後該掌握哪些能力。腦力激盪術最好在年輕的時候就學會。雖然年長後也能學會，但是會花費更多時間。

第三章：闡明透過閱讀吸收知識的重要性，也會簡單說明工程師必須了解的知識，也就是所謂的智慧財產權。

第四章：雖然是為了提升職涯而跳槽的相關內容，但是未經深思熟慮就跳槽，是絕對不建議的，請大家千萬不要有所誤會。此外，最近也有越來越多的女性工程師，所以也摻雜了一些聲援女性工程師的內容，同時還簡單地說明獨立創業與取得技術資格所需的能力。

第五章：說明MOT的重要性與技師倫理。

引。

第六章：從各種角度出發，全面談論今後的工程師職業。

但願本書能成為年輕工程師或兼任管理職的工程師，在規畫自己的工程師生涯的指引。

匠習作

二〇一七年四月

目次

第二章　提升工程師所需的能力

第三章　用經驗把新知識串連起來，更新工程師的能力！

第四章 提升職涯的「跳槽」

第五章 一流工程師看待技術的高度

第一章

工程師如何「成長」？

愚笨的人認為自己聰明，聰明的人知道自己愚笨。

莎士比亞《皆大歡喜》第五幕第一場

Section 1

成為π型工程師

如何讓工程師的人生變得有意義

工程師必須不斷學習汰舊換新的技術，這意味著成為工程師，一輩子都得持續學習。為了讓選擇這條道路的你，能更有效率地學習，更開心地（不是更輕鬆地）享受工程師生涯，作者才寫了這本書。

希望大家都能快樂地成長為一名工程師，希望大家為了自己、家人、所屬的公司與組織，抑或整個社會做出有貢獻的作品，當然，只需要在相關專業領域有所貢獻就足夠了。

從I型到T型，最終成長為π型工程師

日本技術士協會為現在的工程師指出三階段的成長過程。日本技術士協會是以推廣、啟發專業工程師制度為目的的公益法人，二〇一一年創立六十周年，目前以捐款幫助科學技術提升以及國民經濟發展為目的。

第一階段，是成為精通專業領域的I型工程師（二十幾歲），接著第二階段，是具有超乎專業之外的寬廣視野的T型工程師（三十幾歲），最後第三階段，是精通其他相近專業領域的π型工程師（四十幾歲）。當然，年齡只是參考值，而且就某些組織而言，即使在退休之前都待在相同部門執行相同業務也無妨。

要能完成三階段的成長，除了工作經驗，還得積極學習與鑽研。說得更清楚一點，若想讓工程師生涯得以完整，就不能停下自主學習的腳步，如果不是喜歡自主學習的

人，那最好還是別成為工程師。「想知道多一些」、「想知道為什麼」，若沒有這種旺盛的好奇心，工程師的工作將只有苦痛。這點無論是哪個領域的工程師都一樣，所有的工程工作都是如此。

適合用來解釋π型工程師的字眼

若從字面解釋π型工程師，就是除了兩項專業（垂直的長線），還有寬淺（水平線）的知識。

不過，有件事希望大家不要誤會，我不是說只要具備寬淺的知識以及兩種專業就夠了。技術士協會的解釋也不是如此。正確的解釋應該是，工程師必須如同無盡的圓周率終身學習。雖然無窮無盡的圓周率讓人有些厭煩，但這就是技術的本質，技術的進步也是沒有盡頭的。

既然決定走上工程師這條路，就在有生之年，以學習為樂吧。π型工程師也有如此涵義。

接著為大家回答常見的問題。

「我明白要精進自己的專業，但是第二個專業該學什麼？」有不少人問我這個問題，這也是在工程師應試時常被問到的問題。雖說沒有正確解答，所以自己決定就好，但是在被問到的時候，我通常建議學習技術的歷史，尤其是意外與失敗的歷史。學習歷史，可了解到該技術是在什麼樣的時空背景下誕生，也能了解是如何進化的。

有些人認為「π」的第二條線應該是管理學。我覺得這也是不錯的答案，不過我想提醒的是，所謂技術，就是讓危險的東西得以安全使用的知識體系，而且工程師的倫理若是「盡全力製作安全的產品」，那麼研究與調查意外與失敗，更是身為工程師的必要條件，所以我才認為學習與專業領域相關的技術的歷史是很重要的。

Section 2

成為兩隻腳的工程師

成為兩隻腳的工程師

在組織內部從事開發或改善流程時，總是會受到利潤、安全性、成本、截止日期這些相反的元素壓迫，不過技術本來就是操作危險的東西，所以不受這些元素壓迫才罕見，而且沒有不花錢的開發，所以受限於成本的情況也是時而有之。

工程師常常為了這些相對的要求而抱頭煩惱。所謂技術性的創意，就是為了滿足這些相對的元素才誕生，而且創意往往會遇到反對意見，尤其史無前例的創意，更會引來

說是說兩隻腳的
工程師，但是每個人
都有兩隻腳吧？
不是這個意思啦，
指的是只有一種專業技能，
會成為技能失衡的工程師啦。
有兩項專業技能比較平衡啊。

一大群人反對。

如果一開始就知道會遭到反對，就會有心理準備，而且也能預設會出現哪些反對意見。事前沙盤推演，擬定面對相反意見的策略，就能提高提案過關的機率。要提出新點子的時候，請大家務必事前做好這些準備。

兩隻腳的工程師就是指能呈現兩種相對概念的思維，而不是只具備兩種專業技能。

利用折衝關係

「Trade Off」在字典裡的意思是矛盾、二律背反、交換（條件）、妥協、代價、回報、交易，也可說是「無法同時滿足多種條件的關係」，通常會說成「這就是一種折衝關係」。

雖然不是什麼時候都可行，不過要滿足相對的條件，就需要考慮折衝關係。後續的第二章會簡單地介紹「TRIZ」，而TRIZ有許多折衝的元素。如果能找出全新的第三條路當然很棒，但通常都得做出一些犧牲（放棄），才能滿足更重要的條件。

例如，搭乘交通工具時，不管是搭車還是搭飛機，一定是重量越輕越省油，但是這會讓交通工具變得不夠堅固，一旦發生碰撞就很危險。以又輕又硬的鈦合金打造汽車固然理想，但是售價一定高到賣不出去。此時該在何處讓步呢？工程師必須動動腦筋，從中找出最適當的答案。

Section 3

只有專業知識是無法生存的

眼中只有專業的可怕

工程師多是「執著的人」，當然，這份執著有時是往好的方向發展，最後也為組織帶來利潤。

說到「執著的精品」，總讓人聯想到手工藝品、高級珠寶、高級文具或家具。就製造業而言，執著往往是加分的名詞，不過這份執著有時會讓人判斷失誤。

一九六〇年代，全世界的手錶市場都被瑞士獨占，尤其高級手錶市場，有百分之六十五都來自瑞士，若想買一隻精準的手錶，都會選擇瑞士手錶。此外，瑞士手錶製造商也不甘於世界第一，還陸續發明了秒針、防水構造以及最強的自動上鍊構造。簡言之，就是不滿足於領先，還時時追求創新。

翻閱一九六八年手錶市場資料就會發現，在銷售數量方面，瑞士手錶占有全球市場的百分之六十七，業績則占有百分之八十，而且遠遠地把第二名拋在腦後。但是，就在十二年之後的一九八〇年，手錶市場的市占率發生了劇烈的變化。瑞士手錶的銷售量從百分之六十七狠狠跌至百分之十，業績也下滑至百分之二十以下。這對於認為手錶屬於瑞士、自豪於手錶製造的瑞士鐘錶工匠而言，絕對是嚴重打擊。

當時的瑞士有六萬二千名鐘錶工匠，但在一九七九年到一九八一年這短短的二年內，居然約有五萬名工匠失業，只有整體的百分之二十，也就是一萬二千人，得以保住自己的生計。當時瑞士的總人口只有五百萬人左右，其影響之大絕對是難以估計的。

瑞士鐘錶市場到底有何異變

在如此劇烈的市場變化中，到底是哪個國家取代瑞士，成為領先的集團呢？應該有不少讀者猜得到吧，那就是日本。

一九六〇年代後半，日本的鐘錶製造商（SEIKO、CITIZEN）雖然具有與瑞士比肩的技術力，但是全球的市占率還不足百分之一。手錶作為裝飾品的形象非常強烈，若單就品牌力，絕對無法贏過「瑞士手錶」。不過，當時的日本在電子技術領域擁有誇耀世界的頂尖實力與市場，也將這些電子技術應用在手錶的製作上。

日本製作的石英錶不需要機芯，也不需要軸承，甚至連齒輪都很少。瑞士的鐘錶工匠認為這種裝電池就能動的「才不是鐘錶」。但是日本的鐘錶製造商卻不這麼認為，他們從石英的振盪看見發揮日本實力的機會。

如果拋棄固執的話

對瑞士的製造商來說，如果具有洞悉未來的能力，就能徹底避開這場悲劇。他們之所以會失去市場，就是對傳統手錶構造的這股「執著」，讓他們無法洞察手錶市場的變化。

石英振盪原理是於一九二〇年代，由英國國立物理學研究所與美國的貝爾研究發現的，而瑞士人自己也認為，在水晶振盪研究中，這項發現是畫時代的成果。瑞士的紐夏特研究所曾經也成功以電氣刺激水晶，讓水晶以正確的周期振盪的特性應用在手錶的製作上。

不過瑞士的鐘錶製造商過於「執著」手錶的精密結構，壓根不打算製作石英手錶，因此當紐夏特研究所在一九六七年的世界鐘錶會議上展示石英手錶之際，日本的手錶製造商 SEIKO 立刻轉投石英手錶的懷抱。這就是對製造有所「執著」，卻走錯方向的經典範例。

一九六九年，SEIKO 推出世界第一支石英手錶「Astron」。

不過，鐘錶的故事還有續篇，就留待第五章再繼續說明。

真要有所執著時，請擇善固執

接著想為大家介紹相反的例子。

一九三〇年的時候，美國已是汽車普及的社會，但是汽車排放的廢氣也造成嚴重的大氣汙染，於是一九七〇年，美國參議會議員穆斯基馬斯基向議會提出俗稱「馬斯基法」的大氣淨化法案，也得到議會通過（有時也稱為大氣清淨法）。

馬斯基法的骨架如下。

- 若是在一九七五年之後製造的汽車，廢氣中一氧化碳（CO）、碳氫化合物（HC）的含量必須是一九七〇年到一九七一年的汽車的十分之一。

本田宗一郎的企圖

・若是在一九七六年之後製造的汽車，廢氣中氮氧化物（NOx）含量必須是一九七〇到一九七一年的汽車的十分之一。

每家汽車製造商都必須遵守這項法案，若無法符合規範，過了規定的期限後，就不再給予銷售認可，可說是非常嚴格的規定。

這項法案在當時是全世界最嚴格的環保標準，規定汽車廢氣所含的一氧化碳、碳氫化合物與氮氧化物都以一九七〇年為起點，要在五年之內減少百分之九十，換言之，要在五年內讓汽車廢氣的汙染物質濃度減少至原本的十分之一，是非常嚴格的規範。美國的汽車產業也因此群起反抗，大聲抗議「在技術上是不可能達到的」，因為他們毫無頭緒，不知道該如何開發符合規範的引擎。

當時的本田總裁本田宗一郎在未得到開發負責人首肯之下，逕自在一九七一年二月召開「本田已著手推動符合馬斯基法案的往復式引擎，同時準備於一九七三年銷售」的記者會。

在這個時間點上，本田的確已經預定開發名為「ＣＶＣＣ」（Compound Vortex Controlled Combustion）的複合渦流控制燃燒引擎，而這顆引擎雖然能符合馬斯基法案對一氧化碳與氮氧化物的規範，卻仍無法符合碳氫化合物的規範值。

當時的本田正在處理車主因商品缺陷而車禍死亡的訴訟，被輿論的炮火猛烈轟炸中，所以主力商品的業績也跌至原本的四分之一。

被譽為天才工程師的本田宗一郎認為，只要能成功開發出符合馬斯基法的引擎，本田就一定能捲土重來，與全球頂端企業並駕齊驅。

換言之，宗一郎著眼的不是技師應有的義務與責任，也不是關心汽車廢氣造成的汙染，只是為了協助本田脫離危機，才選擇了「開發符合馬斯基法的全新引擎」這條路。

執著於湛藍天空的工程師

CVCC引擎開發專案的技師之所以願意投注熱情，是因為他們「堅持」大氣汙染的改善不只是本田單一企業的問題。那些頂著嚴峻開發環境、連續幾天睡在公司，視熬夜如無物的員工，和本田大氣汙染研究室的石津谷彰一樣，都有著一份「希望能給孩子乾淨的天空」的「堅持」。

CVCC引擎開發專案不是由本田自己負責，而是由當時三十九歲的久米是志（日後成為第三代總裁）擔任負責人。久米意識到，促使這項其他企業認為不可能實現的專案成功，不只是單一企業的事，而是「身為工程師的天職」，他將這樣的精神傳遞給專案團隊的成員，不允許一絲的放棄與妥協。

他也認為，這項專案要成功，不能只依賴天才技術家本田宗一郎一個人，而是得集合各部門、各社內專家的力量。

久米雖然視宗一郎為「叔叔」，打從心底崇拜他，但為了本田的未來，他選擇改革的道路。

因為堅持，馬斯基法才得以克服

一九七二年十月，本田終於宣布完成符合馬斯基法規範的CVCC引擎，也於十二月接受美國國家環境保護局（EPA）的測試。EPA於一九七三年三月正式認可本田的CVCC引擎符合馬斯基法規範，而本田也將開發所得的技術無償分享給其他製造商，全球汽車工業也在廢氣排放的處置上得到大幅改善。

順帶一提，現在的廢氣排放標準已提升至CVCC引擎的十分之一。或許我們可說，這一切都是從本田宗一郎的起心動念所開始的吧。

Section 4

積極與不同領域的工程師交流

偶爾利用學會

如果你是在公司上班，只要公司有一定的規模，就有機會與其他領域的專家交流，但是當規模大至數百人時，會很難交流。此時不妨就透過學會交流，只要繳一至二萬日圓的年費，就有機會遇見各界專家。這恐怕是最經濟卻最實際的交流。

參加學會也很簡單，例如機械學會、電氣學會、土木學會或是其他學會，只要申請就可以加入了，雖然也有極少數的學會需要推薦人，但總之先問問再說吧，不管是哪裡的學會都希望增加會員數。

「我的朋友裡，沒有貴學會的會員。想請問一下，沒有推薦人就無法入會嗎？我本身是從事○○的工程師，一直希望能於貴學會學習△△的相關知識。」如果電子郵件的內容這樣寫的話，應該不太可能會被拒絕。

日本目前的學會可說不勝枚舉，但要受到認可的學會是有條件的。

在日本，要成為官方學會，必須是隸屬於政府諮詢機關的日本學術會議下的「日本學術會議協力學術研究團體」。

日本學術會議在接受學會的申請後，會先進行審查，若能滿足下列三個條件，就能得到日本學術會議協力學術研究團體的資格。日本約有接近一千二百個學會。

- 以促進學術研究發展為主要目的，並作為相關領域的「學術研究團體」從事相關活動。
- 研究者自主集會，研究者自行經營。
- 成員（個人會員）人數超過一百人。

在為數近一千二百個學會之中，包含了文學、社會科學、工學、理學、醫學以及所有的學術領域，每個人都可自由參加多個學會。若是一開始不知道該參加哪一個，可先選擇主旨較廣泛的學會。

舉例來說，機械工程師可參加機械學會，電氣工程師可參加電氣學會。

我本身是表面摩擦研究的專家，所以參加摩擦學學會也不錯，只是這麼一來，就比較沒有機會與其他領域的專家交流。

此外，有些情況也常令人產生誤解。例如一些徒有其名的團體會自稱「學會」，但是有些被日本學術會議承認的正式學會卻不自稱為學會，只稱「○○研究會」。這種情況多發生在會員人數不多的團體。

盡可能發表論文

一開始就要發表論文或許不太可能，所以先充當傾聽的角色也不錯，等到熟悉之後，再試著就自己的專業領域撰寫論文。論文會在同儕評閱之後刊登，只要是在期刊刊登的論文，一定符合某種程度的標準。

大型學會的期刊通常會有幾千名相關的專家閱讀，也可能會有人批評你的論文，但相對地也能增廣見聞，最重要的是能拓展交流範圍。我常發生以為是自己發現的新技術、卻被人告知「這項技術早在美國實驗過了」的狀況。

除了隸屬公司的工程師外，許多大學教授也是學會成員。他們的專業就是從事相關的研究，也會閱讀國外的文獻與論文。如果是在公司上班的工程師，大概很難透過學術論文認識學界教授，因此最快的方法就是透過學會舉辦的講座或是研討會。

有一點要提醒大家的是，在學會聚會結束後，請記得和大家交換名片。不管專業領域是否相同，務必交換名片。大學教授應該也很樂意與民營企業的工程師更進一步交流。有些工程師可能在大學時成績不佳，很害怕指導教授，或許在交換名片這件事上會有些心理障礙，但請提醒自己，你已經不是學生，也就不需要擔心這些事了，要注意的只有不要洩漏商業資訊而已。

Section 5 擬訂工程師成長策略

趁早擬訂自己的生涯規畫

假設你接到規模很大的業務，可以製作綜覽整體流程的進度表。應該有不少人替一整天的行動製作待辦事項表吧。照理說，自己的人生應該是最重要的專案才對，不為這項最重要的專案製作進度表或設計圖，實在不符合工程師應有的風格。

因為是自己的人生，所以全部都得自己負責，專案的負責人就是你自己，而且若從大學畢業開始算起，整個行程長達近六十年之久。

如果眼前有件非常浩大的專案，例如福島第一核電廠的「廢爐計畫」，而你是這項計畫未來二十年的專案負責人，想必你會盡最大的努力製作進度表。應該沒有人會不設計進度表就推動專案吧。

計畫越漫長，越得仔細擬訂，否則下場如何就不用多做解釋了吧。

思考人生的PDCA循環

大家知道什麼是PDCA循環嗎？

PDCA循環這個概念誕生於第二次世界大戰後，由構思品質管理架構的愛德華戴明博士所提倡。

PDCA循環的概念雖然發源於美國，但是戴明博士曾前往日本指導相關事宜，所以日本第一線的生產管理、品質管理也有相應的改進。

PDCA循環的特點就在於不斷循環。這循環不會停留在A，而是繞了一圈後，又進入新的ＰＤＣＡ循環，讓第一線的生產和品管在這無止境的循環下持續進步。

・Plan（計畫）：根據過去的成績與未來的預測制訂業務計畫
・Do（實施、執行）：依照計畫推動業務
・Check（點檢、評價）：確認業務是否按照計畫實施
・Act（處置、改善）：查出未依計畫推動的業務，再予以改善

ＰＤＣＡ的定義有很多種，在用字遣詞上也有一些不同，不過大致上定義如此。

此外，該從哪個部分開始也有很多種說法。

或許大家會覺得從Ｐ開始，也就是從計畫開始比較妥當，但是也有人覺得應該從Ｃ，也就是了解現狀開始比較正確。

如果你才剛大學畢業、進入公司上班，請務必製作人生專案的流程表。然後在推動這個專案之際，試著以ＰＤＣＡ的思維與方式修正，讓專案更臻完美。

流程表必須載明學習工作所需知識與技術的時期和順序。若是工作需要某些執照，

也必須思考取得這些執照的時間。假使現在是單身，也必須考慮到成家後的計畫。

以ＰＤＣＡ檢視修正這些內容時，不需要太在意錯誤的部分，例如二十五歲時訂下「三十歲之前結婚」的計畫，結果卻不如預期的時候，也不用太在意，尤其有結婚對象時更是如此。

人生的PDCA從現狀分析開始比較好

如果是執行業務，從計畫（Ｐ）開始或許比較可行。但是以ＰＤＣＡ思考人生這項專案時，則應該毫不猶豫地從Ｃ、也就是現狀分析開始。即使決定了目標與訂立了計畫，沒有事先徹底掌握當下的狀況，這項計畫就行不通。

因為ＰＤＣＡ不斷循環的特性，所以有些意見認為從哪個部分開始都一樣；但人生只有一次，若草率計畫，一步踏錯就可能落入悲慘的命運。失敗固然令人痛苦，但如果真的無法避免失敗，那至少傷勢輕一點。這也是為什麼我希望大家先徹底了解現況再訂立計畫。

人生隨時有意外，除了自己，父母親、兄弟、妻子、小孩或是其他身邊的人，都有可能突然遭逢不幸，這些都是不能預測的事情。不過，如果是誰都可能發生的事故，那就不能算是意外。風險管理的思維也應該放入PDCA循環中。

了解現狀之後再繪製設計圖

在日本經濟高度成長的早期，畢業生人數比文組少的工程師，不太需要擔心就業的問題。但是今時已不同往日，連Sony、Toshiba這類公司或是廣受大學生嚮往的東京電力都在裁員，所以工程師必須保護好自己。

為此，在現狀分析之後，請試著設計自己的人生。以五年為一個計畫區間也可以，或是以十年為一個計畫區間也可行。若能以最近的十年為一個區間，之後再以五年為單位來規畫人生，就算是無可挑剔的計畫了。

我有畫人生設計圖。
我要在二十五歲結婚，
在三十歲之前生兩個小孩，
四十歲的時候要年收一千萬！
雖然艾菲爾照著人生設計圖
走完一生，但你應該很難完
全照著設計圖過活吧…

若以家庭結構為例，就簡單易懂多了。如果你現在有二歲的小孩，十年後肯定是十二歲。或許你會覺得「這不是廢話嗎？」但若是先做了計畫表，就會知道哪幾年要支出教育費，這樣的計畫區間也比較容易掌握父母親無法自力生活的時候。自己的死亡年齡可用平均壽命來算就好。日本男性的平均壽命大概是八十歲，女性則是八十六歲，用這個數字來算，就不會有太大的誤差。

老人年金是不太可靠的，這本書不是探討老後收入的書，所以就不浪費太多篇幅講解。你若是還在工作崗位的人，最好別以為能靠年金度過晚年，退休後的生活費只能靠自己賺，而且退休後體力比年輕時還差，所以沒辦法從事需要勞力的工作。建議大家維持身體健康，同時利用自己長年累積的經驗，從事販售知識與智慧的工作。如果有在國外居住的經驗，則可從事國外技術支援的工作。

為了實現這些擬訂的計畫，就必須有計畫地讓自己成長。現在已經是無法只靠執照餬口的年代，必須如艾菲爾鐵塔的設計者艾菲爾本人一樣，設計並推動自己的人生計畫。

第二章 提升工程師所需的能力

強烈的想像往往具有這種魔力。只要感受到某種喜悅，就會相信那種快樂的背後有一個賜予的人……

莎士比亞《仲夏夜之夢》第五幕第一景

Section 1

你是自燃型、可燃型還是不燃型？

看透三種類型

根據新將命先生所寫的《經營的教科書》，人類可分成「自燃型」、「可燃型」與「不燃型」三種。人們可在這個框架底下針對上班族的幹勁與動機，自行分析公司與組織需要的特質。這本書除了工程師外，只要是上班族都應該一讀。

事實上不只上述三種類型，除了「自燃型」、「可燃型」與「不燃型」，還有「滅火型」、「點火型」、「助燃型」、「爆炸型」、「燃燒殆盡型」，不過「自燃型」、

「可燃型」、「不燃型」算是主要的三大類，其餘的五種都只是附加的類型，沒必要太過詳盡分析，而且這只是自我觀察、了解自己的分析，不是心理分析，也不是行為分析，放輕鬆自我評價即可。

接下來就為大家依序說明這三種類型。

了解各種類型的特徵

自燃型：自己訂立目標，自行計畫，自主學習，再將學習成果應用在業務上。這樣的人對公司似乎很理想，但是組織與上司若沒有值得師法之處，他們總有一天會離開公司與組織，對公司與組織而言，也不算是好用的類型。

可燃型：大部分的上班族都是這種類型，尤其是新進員工或是剛進公司沒多久的年輕職員，一面倒以「可燃型」居多。換言之，只要點著火花，就會燃起他們的工作動力。員工數少的新創公司或許是例外，但只要是一般的公司或組織，員工基本上都是「可燃型」。所以身為上司或前輩的人，就必須預備助燃的火種。

不燃型：基本上就是聽一動做一動的類型。他們不會多做任何吩咐外的事情，雖然能確實完成工作，但只求不被罵。不燃型的人不會因為工作而燃起熱情，他們若是待在穩定的大組織中，一般不會造成任何危害。

為了沒有漏網之魚，也簡短介紹其他五種類型。

滅火型：顧名思義，是專門潑冷水的人。「反正我們的公司不行啦」是他們的口頭禪。這種人可說是百害無一利。

點火型：對擁有可燃型成員的上司而言，這種類型的員工是最理想的，他們懂得如何在一旁為其他同事加把勁。

助燃型：幫助別人燃起熱情的類型。在早期，大概就是「某大姐」這類型的人，但不一定只限女性。有些員工自己可能已成為燃燒殆盡的類型，但還是有可能成為助燃型的人。

爆炸型：是自燃型中的少數類型。這類型會突發性地自燃，所以常常像是爆炸一樣，短時間就燒盡。

燃燒殆盡類型：以中高年紀的職員居多。顧名思義，這類型的人早期是可燃型或自燃型，但因為失敗而燃燒殆盡。燃燒殆盡的類型有時也能扮演點火型或助燃型的角色，在某些場合也是很重要的角色。

以上分類絕不是天馬行空的，當然也不是「從血型看個性」那種不科學的分法，而是依照日常工作情況與行動觀察所得。此外，沒有人是百分之百符合其中一種類型，所以不需要對自己太過悲觀。

組織渴望的是可燃型的員工，那，工程師呢？

自燃型的員工，有可能在公司或組織費盡心思培育後就辭職了，所以除了可燃型的員工外，也應該雇用點火型與助燃型的員工。而小型創投企業則會希望找到自燃型員工，這算是特殊情況。

接著要針對工程師討論。

先說結論，工程師不僅得具備自燃型的個性，還得具有點火型的特徵，年過五十歲或接近退休時，再成為助燃型。

若是要發明一項新的產品，常有引起意外或災害的潛在危機。因為全新的發明，就會構思出前所未有的方法與工法，難免就會有危險存在。為了預防意外發生，就必須事先找出可能發生問題的環節，再依此思考對策，但這部分通常沒有人可以協助，或說想幫忙也幫不上。所以才會說，工程師必須具有自燃型的個性，自行驅策找到可能的問題和解決的方案。

有時候，滅火型的員工會接近可燃型的，然後澆滅後者的熱情，要擊退滅火型的人，就必須擁有強烈的自燃力。

這跟我們分類危險物品一樣，從一類到六類。

因危險物處理執照而為人熟知的「乙四類」，就是被分類為第四類的汽油、燈油以及其他易燃液體。相反地，較少人知、被分類於第五類的「自行反應物質」，也就是會因加熱、撞擊而猛烈燃燒或爆炸的物質。硝基化合物就是其中一種。由於硝基化合物含有氧氣，一旦開始燃燒就不可能撲滅，只能等到燃燒殆盡，同時也得避免延燒的情事發生。

我不是在說你應該成為危險物品，而是認為工程師應該成為歸類為第五類的自燃型（自行反應物質）。當然，要小心管理自己，以免爆炸或是燃燒殆盡。

至於你自己屬於哪種類型，只能自己判斷。如果有個能冷靜觀察你的人，或許可提供某種程度的判斷，唯獨該知道的是，枕邊人的分析通常不太準確。

Section 2

強化與文組職員溝通的方法

理組與文組的分類

理組與文組這種分類方式，雖然非日本獨有，但相較於外國，日本的這種分法較為明確，而且源自於轉型為近代國家的明治時代的學校制度，所以也延用至今。

在舊制高中時代，學生被分類為「文組甲類（英語）」、「文組乙類（德語）」、「文組丙類（法語）」、「理組甲類（英語）」、「理組乙類（德語）」、「理組丙類（法語）」，學生可進入「文組」或「理組」學習。那個時代似乎是以數學考試做為分組依據。高中的組別會影響當時進入大學的主修科系，所以到現在升學高中仍設有「理數課程」或「英理課程」。不過，最近的大學，尤其是私立大學，提倡「跨學科」的學習方式，所以這種理組與文組的分類也漸漸越來越少見。

理組與文組的界線本來就存在嗎？

姑且不論前述的歷史沿革，有許多工程師覺得自己不擅長與業務或其他文組職員溝通，而一般人也認為工程師通常不善溝通。有好幾位年輕工程師跟我說過：「就是不善於人際關係才選擇工程師這條路。」甚至某些稍微年長的工程師還會說：「專心致志於技術是工程師的工作，那些耍嘴皮討人歡心的事，就交給業務去做吧！」

在討論兩造的數學素養之前，理組與文組或許早就被「溝通能力」這條界線畫為兩邊了。

簡單來說，這種想法就是：擅長溝通＝文組，不擅長溝通＝理組。

在畫分理組與文組之前，我想先請大家想一下工程系與理組這兩者的差異。某種程度上這樣比較可以排除成見。

遇到要解決的問題時，比起問「為什麼會這樣？」，工程系或醫學系的人先想到的總是「那麼到底該怎麼做？」；而理科系的人總是會先思考「為什麼會這樣？」、「為什麼呢？」

換言之，將理科系的人當成「理組」來看的話，工程系、醫學系、藥學系這些以往普遍被視為理組的，反而還比較接近「文組」（尤其是社會學科）。

反之，文組裡的文學、哲學、語言學這類領域的人，總是以純粹的「理組」思維看待事情，所以他們遇到問題時，通常第一個念頭是「為什麼會這樣？」、「為什麼呢？」

「會數學就可以念理組」是錯誤的概念

一如前述，明治時代主要是以數學考試的分數將學生分成理組與文組，所以直到現在，還是有許多人認為擅長數學的歸為理組，不擅長數學的則分到文組。可是若與生物學（理組）、經濟學（文組）相較，經濟學需要更高超的數學能力（計算能力）；同樣地，地球科學和會計學相較之下也是如此。

除了建立理論，大部分的實驗室不需要那麼高超的數學能力，更何況現在是將資料輸入電腦就能立刻畫出精確圖表的時代，雖然不是絕對，但與其學習數學，學會電腦的操作方式反而更能提升作業效率。

承上所述，現代越來越不需要如此優異的數學能力。我想即使是閱讀本書的工程師，也沒有幾個能誇口說：「微分方程式沒什麼困難的。」

到底該如何練習，才能掌握高超的溝通能力？

溝通能力可透過訓練加強。這句話完全沒錯。接下來就為人家說明最簡單的訓練方法。簡言之，就是閉上嘴，先聽別人說話，這在教練式領導的世界稱為「傾聽」。

專心傾聽，適時回應與反問，旁人就不會覺得你的溝通能力不足。

久而久之，還可能被人視為「傾聽別人說話的溝通高手」。雖然這或許是誤會，但溝通的本質就是傾聽。

正是因為想說一些符合現場氣氛的話，才會緊張，而遇到那些話說個不停的人，你該做的就是讓對方盡情說個夠。

另外還有一種訓練方法，也很簡單，就是對對方說的話產生好奇。無論是多麼無聊的內容，都可站在分析的立場思考：「這個人為什麼說這些無聊的事呢？」肯定會有新發現。

傾聽先於發問

商場裡的教練式領導很重視發問力，不過太過重視發問，會陷入「不得不發問」的迷思，反而無心傾聽別人所說的話。

如果重視溝通，請先專心聽。然後從對方的內容找出對方特別花力氣說明的部分，再予以「這部分能不能說得更仔細一點？」的回應，對方一定會覺得你很用心聆聽。只要注意到這點，就有機會和對方進一步加強溝通。

Section

3

工程師也需要簡報力

簡報力也是今後必備的能力！

簡報力雖然與溝通能力有些不同，不過在二十一世紀求生的工程師，就非得掌握傳遞資訊的能力不可。所謂傳遞資訊的能力是指，能讓其他領域的人或國高中生了解自己專業的能力。

這種能力就是簡報力。

工程師重視資料與客觀事實。基於職業，當然是如此，但是在簡報時，還有一項更重要的事。

若在簡報時只是一味地告訴對方你的主張，這樣是不足夠的，必須讓對方聽完你的主張之後，產生「原來如此」的想法，並且讓對方想展開行動才行。為此，必須撼動對方的心，也就是讓對方「感動」的意思。

只講求「正確」是無法感動人的。不管工程師的能力多麼優秀，收集了多少足以說明他的創意很棒的資料，若無法得到聽眾的青睞，那一切就是白談。收集再多證明自己是正確的資料，並以精緻的圖表呈現，也不一定能引起別人的興趣，更遑論別人的認同了。

當然，偶爾也會有輕鬆過關的情況，但不順遂的情況總是比較多。如果你在簡報時就覺得對方都是低於平均值的人，無法了解如此獨具巧思的創意，一旦有了這種想法，就不會有人願意跟隨你了。

雖說簡報必須說進對方的心坎裡，但在訴諸情感之前，得先建立客觀的事實與資料，這也是你的主張站得住腳之處。先論述事實與資料，之後再撼動對方的內心，而要觸及對方的內心，就得懂得說故事。

提升簡報力的說故事技巧

各位，務必要學會說故事的技巧。故事有改變他人行動的力量，可直接深入對方的主觀思維。比起精緻的圓形圖、折線圖，故事更能活靈活現地傳遞事實。

第一章提到的瑞士鐘錶與本田開發新引擎的故事，想必還深深留在各位的記憶裡。到底該怎麼做，才能在簡報時說故事呢？你需要的是好奇心與觀察力。

常識豐富、學識淵博的人，不一定是很會說故事的人。知識當然是多多益善，但只有知識，是無法打動聽眾的。

好奇心是面對聽眾時的心理特質。聽眾到底想聽什麼？想了解什麼？不先思考這點，簡報就僅是種傲慢，是種只有自我的主張。

對聽眾好奇，才能讓自己一步步成為優秀的說故事的人，那就從這裡開始我們的第一步吧。

Section 4

專屬工程師的腦力激盪法①

小孩的創意都從哪裡來？

知識不如大人豐富的小孩，有時卻會提出驚人的創意。乍看之下，這種體驗與楊傑美所說的「創意只是現存元素的組合」是相悖的。小孩應該不曉得現存有什麼元素，所以無法組合才對。大家不妨試著在大人與小孩的共同講座中，提出下列的問題：

「請與旁邊的人組成一隊。請盡可能與不認識的人組隊。」

「現在開放一分鐘，請大家與旁邊的人聊聊，彼此是否有共同之處。」

此時，大人或許能列出十個左右的共同之處，例如居住地、故鄉、興趣、婚姻狀況或是其他。如果是已經有點年紀的夫婦，更是能列出許多共同之處：

「共同之處？住的地址一樣。」

「其他還有什麼一樣的嗎？」

恐怕一分鐘之內只講得出一個或二個，而且本來就沒打算跟隊友聊天。

如果是小學生，又會怎麼回答？

「我們的共同之處，就是都有兩隻手、兩隻腳、兩隻眼睛、一個鼻子、一對耳朵，你也是穿運動鞋吧？」這些都是擺在眼前的事情，所以再多的時間也列不完。截至目前為止，我遇過列出三十個共同之處的例子。這些都是不受限於知識的創意。

換句話說，這不是百分之九十五的現有創意元素的組合，而是剩下的百分之五的創意空間。只可惜，一般人沒辦法在工作上應用這些創意，只有天才才辦得到，但天才的思考邏輯無法制式化。小孩子的創意也很類似天才的思維。

不是天才的我們，到底該怎麼尋找靈感呢？接著就為大家說明這點。

不滿足於單一的回答

費德里克．艾恩所著的《瑞典式創意教育》有下列這段話：

> 愛因斯坦曾被問到：「博士，你跟我們這些普羅大眾有何不同？」他的回答如下：「讓我這樣比喻吧，遇到必須從稻草堆裡找出針的時候，你們大概只會找出一根針，而我會一直找，在找到所有的針之前絕不罷休。」

這段話的出處不明，但恐怕是真實的故事。這很像愛因斯坦的回答。

科學家與工程師的不同之處，在於前者追尋唯一真理，而這個唯一真理又被稱為「終極理論」，其核心思想為「真理只有一個」。反觀工程師，思考的是如何實現某些功能的方法，所以正確解答可能不只一個。愛因斯坦雖然身為科學家，卻能有這般不滿足於單一解答、時時探尋各種可能的工程師思維。希望大家能向他看齊。

Section 5

專屬工程師的腦力激盪法②

什麼是智慧的循環「TRIZ」

接下來為大家介紹腦力激盪的具體方法，也就是TRIZ。TRIZ譯成中文為「萃思」，是專為平凡人的我們設計的發想工具與創新方法。

源自俄羅斯的TRIZ，在美國與歐洲的研究下，逐漸發展成形。若以一句話來形容，就是有效應用人類智慧的方法。TRIZ是取俄羅斯名稱的首字而成，不是英文的首字「Theory Of Inventive Problem Solving」。

TRIZ在一九五〇年代，由俄羅斯專利審查官真里奇阿舒勒（Genrikh Altshuller）發明與提倡。身為專利審查官的阿舒勒，每天都必須審查前來申請的「畫時代發明與專利」，而這位俄羅斯的專利審查官就在接觸專利的每一天裡，想到了某件事。

那就是，「**即使領域不同，解決問題的手法應該也有共通元素吧？**」

他從幾百、幾千件專利（俄羅斯的專利與日本、歐美的不太一樣，大部分都接近實用型的新專利）著手研究、篩選與分類各種發明的祕訣。從眾多分類找出發明的共通元素，再加以通則化，結果就是TRIZ。

即使到了現代，美國與日本仍持續研究TRIZ。雖然基本的邏輯還是阿舒勒的思維，但細節已不斷進化與發展。簡單來說，TRIZ就是讓解決問題的程序通則化。

本書目的不在解說TRIZ，所以在說明上會有些許出入，但是大家只要記住，在實務上還有這個方法可以參考就夠了。

從各個角度來說，TRIZ不是從根本改造系統的方法，只要把它當作是一項方便工程師解決小問題的工具就好，把它當成在短時間內「改良、改善專業領域問題」的工具來使用，就可以幫上大忙。

了解創意發想工具的優點

ＴＲＩＺ的最大優勢就是打破心理障礙。使用這項工具就可打破「絕對不可能」這道第一堵牆壁。

不管解決什麼問題，只要心裡有「應該行不通吧？」的念頭，就不可能解決這項問題。

除了ＴＲＩＺ外，只要是能激發創意的工具，都可以幫助我們踏出第一步，而且也比較容易得到別出心裁的方法，或是說，使用ＴＲＩＺ方法，別出心裁的想法有時會自動浮現。

當大家在會議中陷入舌戰時，若突然靈機一動有個想法，可能也很難說服他人，然而，如果是根據ＴＲＩＺ想出來的創意，就會有說服力。
練習幾次後，創意發想法就會變得很多元，而腦力激盪也會變成截然不同的體驗。

ＴＲＩＺ的知名問題分析

東京常常有ＴＲＩＺ相關的講座、讀書會與研究會。
上網搜尋一下，可以找到一大堆類似的講座，但品質良莠不齊，所以為了不要後悔，建議大家可以參加 Ideation Japan（URL:http://ideation.jp/f_company/）辦的講座，這是我參加過覺得最好的講座。
ＴＲＩＺ免費入門課程（約兩個小時）這點也讓我很中意（當時是免費）。
話說回來，只要去參加ＴＲＩＺ講座，大概都會聽到某件很有名的問題解決實例。以下就和大家分享。

月球十六號想像圖

假設你設計了「月球十六號」這台月球探測艇的探照燈，可是探照燈的燈罩在登陸時因為撞擊而破損了。你換上了更堅固的材質，結果燈罩還是會破損。此時你會怎麼解決這個問題？

答案在本章末揭曉，請大家先想一想，別急著看答案。

不過在此先給大家一點提示。目前已知換上堅固的材質是行不通的，所以可以朝下列的方向思索：

・燈罩能否換成其他材質？

・探照燈的燈罩有何功能？

・真的需要燈罩嗎？

大家可以依照這個順序想想看。

Section 6

用心保存創意

記錄創意的發想

不管是怎樣的創意，總是不請自來。想必許多人都有過搾盡腦汁什麼也想不出來，結果突然靈光乍現的經驗。

也有人是在睡前塞一堆資訊到腦袋，睡到一半突然創意浮現，不然就是在散步的時候突然閃過靈感。

如果不想錯過這些天馬行空的創意，建議大家最好隨時在口袋放張便條紙或是萬用手冊。

即使在包包放A5或B5筆記本，也得花時間拿出來，你的靈感可能就在這小段時間內消失了。

所以最好在靈感閃現的瞬間，就立刻從口袋拿出記事本記錄。雖然這是目前最快的記錄方法，然而現今的語音辨識軟體已經具備很高的精確度，或許很快會出現「利用智慧型手機錄製語音備忘錄，再自動轉換成文字檔案」的軟體。

數位錄音筆的體積不大，也可以隨時帶在身邊，需要的時候，拿出來錄音也是不錯的方法。但出門帶著兩個設備，還不如只帶智慧型手機就好。比較令人擔心的是，智慧型手機的續航力較短。

如果語音辨識軟體的正確率能夠提升，使用的方便性會更好，突如其來的創意就不會輕易錯過了。不管是多麼會寫筆記的人，總比不上對著智慧型手機錄音來得快，也比較不用擔心錄音遺失。

然而有一點要留意的是，如果只是以語音記錄，之後會很難搜尋。現在的語音辨識軟體已有相當不錯的正確率，早一點轉換成文字會比較好用。

松下村塾（被譽為培育明治維新人材的搖籃）的創辦人、知名思想家吉田松陰，曾告訴門生：「如果讀書讀到有感觸的部分，請把它抄下來。」當然，他也會抄錄重要的內容，節錄重點。只要讀書，就應該要節錄重點與做成筆記。

準備一本不同於記錄創意的「發明專用筆記本」

一如前述，那些突然湧現的創意，可利用智慧型手機或數位錄音筆做語音備忘錄保存，但我還是建議大家隨身帶著A5或B5筆記本。這類筆記本有不同的用途，就功能而言，這些筆記本不是用來記錄、而是激發創意、煉化創意的。

前面已經提過，所謂的新創意，就是現存創意的新組合。例如「哥白尼翻轉」以及哥白尼提倡的「地動說」，都是以柏拉圖時代就存在的太陽中心說為雛型，並非哥白尼自創的理論。

而且也有成就非凡的科學家是這麼說的：

「所謂的科學性創造，即是穿著拘束衣的想像力。」（物理學家理查費曼）

容我再贅述一次，太陽底下沒有新鮮事，一切只是舊創意的新組合或改良。要有效率地組合或改良舊創意，不妨利用前一節介紹的TRIZ，而這也是再利用舊創意的方法。

如果使用比系統筆記本大一點的筆記，比較適合把想到的事情寫下來或畫成圖，可以在各創意間做比較整合。我甚至覺得，創意的原點就是動手書寫。

我們的雙手有許多神經叢聚。有人認為動手寫可讓這些神經活化，連帶使得腦袋得到刺激，不過目前沒有確切的證據可資佐證。雖然目前腦袋的活動方式沒有嚴謹的科學證據，卻已有具體的實例。雖然也有反論，但是許多創意達人都認同手寫的重要性，建議大家不妨姑且試試看。

另一點大家也可以想想，為什麼我不建議使用系統筆記本？因為B5筆記本隨時可在便利商店購得，一旦剩下的頁數不多，就能立即換一本新的。

此外，系統筆記本的面積很小，中間的鐵環也很礙事。若受到這些瑣碎的缺點而無法自由發想，實在是很可惜的事。若要隨心所欲地畫圖、寫筆記，建議使用大一點的筆記本，而這就非B5筆記本莫屬了，最小尺寸也該使用A5筆記本。

每個人都有自己鍾愛的文房四寶，要介紹恐怕怎麼也介紹不完，所以這裡僅介紹有助於創意發想的部分。

身為失敗學會副理事兼東京大學工學部教授的中尾政之，總是隨身帶著Moleskine筆記本。他的筆記本總是畫了許多圖案與圖表，卻很少寫字。

Moleskine筆記本必須到大型文具店才買得到，所以在東京或大阪或許比較容易購買，但在比較鄉下的地方，就不一定在文具店買得到了（可以在網路上購買）。畢卡索以及梵谷都用過Moleskine的筆記本，所以有一些令人玩味的歷史故事，但若對這些故事沒那麼有興趣，一般的學校筆記本就已經很夠用了。另外，我也建議你挑有封面的筆記本比較好，不然一不小心就會弄皺或是折到。

那麼該怎麼做，才能成為筆記達人呢？

其實答案就是一直使用筆記本。寫下記得的事情，瀏覽內容，甚至可以養成附註日期的習慣。只要不斷重複這些事，誰都可以成為筆記達人，而在成為筆記達人之前，要不斷地寫、不斷地瀏覽以及重複閱讀內容。

擅長畫畫的人就在筆記本畫畫或繪製圖表。不善於繪圖與製表的人就以文字記錄。反正都是為了自己記錄，只要日後方便瀏覽就沒問題。

然而，若做了紀錄，卻從不瀏覽，這樣對你一點幫助也沒有，也不會讓你成為筆記達人。有些人雖然會在與人討論時寫筆記，但會在日後閱讀的人卻很少，這樣絕對無法發揮筆記的功用，不管筆記寫了多久，也無法成為筆記達人。

撰寫、回頭瀏覽，若覺得不容易閱讀，可以再改良記法。只要重複這個過程，任誰都能成為筆記達人。

成為筆記達人就等於找到成為創意之神的捷徑。

前面有關TRIZ的問題解答

月球探測艇的探照燈需要玻璃燈罩嗎？我希望大家從這裡開始思考。原本燈罩的功用，是為了避免燈泡燈絲接觸氧氣而酸化。但在沒有空氣的月球表面，就不需要另外包一層玻璃燈罩。因此答案就是不需要玻璃燈罩。

第三章
用經驗把新知識串連起來，更新工程師的能力！

波洛尼爾：「哈姆雷特殿下，您在讀什麼呢？」
哈姆雷特：「空字、空字、空字。」

莎士比亞《哈姆雷特》第二幕第二場

Section 1

要成為π型工程師就必須閱讀

徹底養成閱讀習慣

最近，書似乎賣得不太好。聽說出版業界的整體業績正以每年數百億的速度萎縮。閱讀本書的讀者應該有大半都是在大學鑽研專業領域的人，也有可能是學生或是研究生。

我常聽到學生不閱讀這種說法，但不知道實際的情況為何，說不定他們只是不買書，卻待在圖書館讀書（話說回來，我家附近圖書館裡的人，大部分是正在寫功課的高中生或是正在閱讀報紙、雜誌的老年人）。也有資料指出，二十至三十多歲的上班族最常買書。

大家可以回想一下自己的閱讀時數與冊數。真的想成為第一章說明的π型工程師，應該在二十到五十歲的三十年內，每年閱讀一百本左右的書。當然，雜誌或漫畫是不列入計算的。一年閱讀一百本，大概是一周閱讀二本，其實不算太多。真正習慣閱讀的人，說不定讀得更多。不過重點在於連續閱讀三十年，不能只讀一、二年就放棄。

每年讀一百本，連續讀三十年，就能讀超過三千本。雖然沒讀到萬卷書，但也達成三分之一了。這裡雖然只提到五十歲，但不是指五十歲後就不用再閱讀，而是不再需要本書提倡的「成長策略」。

五十歲就是孔子所說的「知天命」的年紀，閱讀方式也自然也會有所變化。

總之二十至五十歲之間，就抱著自我成長的心態閱讀吧。

建議每十年讀一遍《現代用語的基礎知識》

有本書名為《現代用語的基礎知識》，厚度就像一本大字典。因為頗受歡迎，所以每年年底都會改版發行，應該也有不少人讀過才對。

自由國民社的網站在二〇一六年十月二十八日的時候，如此介紹這本書：

《現代用語的基礎知識　二〇一六》
從外交、國防、勞動、農林、核能
到地震、火山、建築、女性、年輕人、遊戲
透過詞彙的解說，讀透現代社會的核心
在日本唯一的新語、新知識年鑑
A5開本／一四四四頁
二〇一六年一月一日發行

雖說是一千四百多頁，不過扣掉目錄與索引，實際可讀部分大約為一千二百至一千二百五十頁之間。從什麼時間點開始讀都可以，建議大家每十年讀一遍。這不是什麼太困難的挑戰，通常一個月多就能讀完，每天也只需要讀三十至四十頁而已。只要開始閱讀，就知道一切只是心理障礙。

應該有人會覺得這麼厚重的書要隨身攜帶很不容易，也不想放在包包裡吧。不過大家不用太擔心，只要依照下列的方法處理就好。

先把這本書的書背切掉，請專人幫忙切會比較整齊，但自己來也可以，如此一來，這本書就會散成一頁一頁的。每天放十七至二十張在包包裡，坐電車的時候就拿出來閱讀。散成一頁頁的書可以堆在桌上，讀過的部分就丟掉。每天看著七百多張堆成的紙山逐漸減少，也是一種成就感。

這麼多的內容當然無法也不需要全記住，但也不能全部忘掉。十年讀一次，腦袋裡就會形成所謂的知識庫，對後續的學習很有幫助。

想像為一百二十分之一的辛苦

十年就是一百二十個月，把其中的一個月拿來閱讀《現代用語的基礎知識》。以時間來算，僅僅耗費了一百二十分之一的時間。或許是白白浪費了這段時間，但就算如此，也僅只是一百二十分之一的時間，應該也不用太過在意吧。

如果讀到的新知識是與現有的相關，就會比較容易記得。大部分的日本人記不住外國人的名字，因為在自己的生活周遭沒有太多外國名字，但是在工作場合中聽到有人介紹自己是「川普」時，我們大概會立刻聯想到「美國第四十五任總統唐納川普」，只要聽過一次就能記住對方的名字。

同理可證，閱讀《現代用語的基礎知識》可在腦袋建構各種領域的關鍵基礎知識，一旦接觸到新領域，這些基礎知識就會派上用場。

換言之，就是要「我記得這個字是這個意思」就可以了（就算完全不記得也不要沮喪）。這樣的話，就能加速吸收與理解新知識，所以絕對不會浪費時間。一百二十分之一的時間，就能換得這些基礎知識，而且頂多花費三千多日圓。

散成一頁頁的書雖然最後只能丟掉，但也可以拿來墊東西。身為工程師，應該盡量物盡其用。

Section 2

知識當常識，不斷吸收

抓緊時間吸收知識

即使是自成體系的學問，只要是相關的知識，就是該領域的常識，要串起散落四處的常識就只能憑藉經驗。一如下一節所述，只要意識到知識就是常識，再將這些常識放進腦袋即可。

有些人認為，現在是立刻能查到任何資訊的網路時代，所以將知識塞進腦袋是沒有意義的，但其實不然。若不將各種資訊塞滿腦袋，思考就不夠周全，而且最好是在年輕時汲取各方資訊。抓緊時間閱讀，工程師的人生就會越來越輕鬆。

年輕人最好飢不擇食般地隨意閱讀，當然也可以只讀感興趣的書。不過，如果年輕時就只讀某一專業領域的書，很容易犯下第一章提及的、太過執著的失敗，而且在思考創意新組合之際，也會畫地自限。所以我還是建議大家廣泛地選書，除了工程學之外的書，心理學、歷史（不是科學史或工程學史也可以）尤其推薦。

急需某領域知識的閱讀法

十年讀一遍《現代用語的基礎知識》是很不錯的方法，但卻無法應付緊急需要某領域知識的情況。接下來就為大家介紹應付這類情況的閱讀方法。

首先，找到想要了解的領域的書。第一本不建議在網路上買，而是走進書店，先試讀一下內容再決定。第一本挑選的書，建議是該書店相關書籍中，最薄、最容易閱讀的書。也不建議一開始就買一堆，當然也不需要太過在意作者與出版社。總之就是依自己的喜歡選購。

下一步是盡可能快點讀完這本薄薄的書。到此，事前調查的準備工作算是完成了，也讓你了解該領域的概要。在得到粗淺的背景知識之後，就能挑選該領域較為專業的書來閱讀，也可以從第一本書介紹的書單中挑選。只要有了背景知識，就知道該怎麼選書，也不會因為選到太難的書而挫折。

依照這個方法選擇十本左右的專業書籍閱讀後，在一般的情況下，就能與該領域的專家對話了。這樣自學一個領域的時間大概需要一至一個半月，用同樣的方法，就可研讀各領域的知識。

然而，時間一久，自然會忘掉一些內容，也有可能遇到想深入查詢的關鍵字。這時就有必要重複閱讀同一本書。這時候先不要把書賣掉，可以用以下方式快速重複閱讀。

在閱讀一本書時，可以畫線或是貼便利貼，有些人會在一旁寫上筆記，現在也有人利用智慧型手機拍照片，再上傳至 Evernote 這類雲端服務儲存。若以時間或步驟來看，最方便的還是用紅筆畫線。讀完整本書後，過幾天或一周內，重新閱讀畫紅線的部分即可。

在閱讀畫紅線的地方時，可以順便回想當初為什麼會在這裡畫線。一邊摸索自己的想法，一邊閱讀。老實說，重讀一遍時，通常會有新發現。（我在講座提到重讀時，大家都問我：「那讀第三次會浪費時間嗎？」我覺得無所謂浪不浪費，只要想讀，幾遍都可以。）

最後，如何確認自己對這個領域有一定程度的了解呢？可以用自己的話說一遍或寫一遍是最好的，在這過程中，大概就能判斷自己了解多少了。

閱讀速度與理解度的關係

很受大眾歡迎的速讀，在各地區都有相關講座，有的一天得花上數萬日圓才能參加。是不是只要學會速讀，就能快速讀完很多本書呢？

除了漫畫和雜誌外，日本一年約發行四萬種書，我們不可能全都閱讀，也沒這個必要，只要按之前提到的，一年內有計畫地讀完一百本就夠了。所謂的「有計畫」只是針對某個領域，不是一定非得什麼書都讀。

加快閱讀的速度，每天讀一本、一個月讀三十本，這樣會比較好嗎？還是每個月精讀十本比較好呢？雖然無法一概而論，但是就工程師的成長而言，我比較推薦後者。

因為我們需要反覆閱讀，讓內容留在記憶裡。

與即有的知識相關的內容比較容易記住，所以依序閱讀有一定程度關聯性的書籍，效率會比較好，而且理解也比較快。

以前述的《現代用語的基礎知識》為例，我曾讀過一九九〇年、二〇〇〇年、二〇一〇年的版本，越到後面的版本，我讀得越快。第一次大概花了四十幾天才讀完，但是到了第三次，只花了三十三天（儘管頁數比前面的版本還多）。

如果想讀快一點，下列方法可說是最簡單的速讀法。

說到底，書就是作者對於某些事物的意見與主張，然後利用一些實際的例子與資料佐證。如果是知名作者的書，我們普遍上會覺得「這作者的意見總是讓人信服」，此時只需要閱讀作者的意見，跳過佐證的資料。如此一來，一本書要閱讀的字數會減少到一半以下。即使是第一次閱讀其著作的作者，只要書中所舉的一個例子能夠讓你認同，後面的也可以跳過，因為「非得讀完整本書」的想法本來就是錯的。

不管什麼類型的書，若堅持每一頁都要讀過，就會花上很多的時間。

基本上，速讀就是邊讀邊判斷是否需要細讀的技巧，其實也消耗不少精神，可說是一種吃力的閱讀方法。二百多頁的企管書，用兩天、一天兩個小時讀完，與一天花一個小時讀完，其疲憊感完全不同。想必有不少讀者有過類似的經驗。

雖然這是個人主觀感受，但我覺得精讀的時候，就像是跟作者對話，速讀則像是以倍速聆聽作者的演講錄音吧。

挑戰倍速的視聽經驗

不管有多忙碌或多空閒，每個人一天都只有二十四小時。每個人擁有的時間都是平等的，只有使用方式的不同。

回到家之後，悠哉地泡個澡，坐在沙發上，看看電視，來一瓶啤酒，的確是種享受，但是一直這樣下去，時間就會不夠用。如果是電視的新聞，不妨先錄下來，然後以倍速播放，會比較有效率。

我還是上班族的時候，常趁午休的一小時，以倍速播放電影DVD。這個方法讓我在午休時看完兩個小時的電影。如果兩個小時的新聞也以倍速播放，大概只要四十五分鐘就能看完。這樣已經跟得上世界潮流，而且每天這樣做，甚至比一般人了解世界上發生了什麼大小事。

既然現在有比以前更方便的機器，當然值得投資。以前整理和快速播放堆積如山的VHS錄影帶是件很辛苦的事，但現在一切都存在硬碟裡，只要搜尋與點開資料，一切就搞定了。

一旦電影習慣以倍速播放後，就會覺得平常的時間流動得特別慢。可是，用這種方法看電影或聽音樂，實在稱不上享受。

如果是可看可不看的電影或電視節目，用這種方法看也無妨。而那些拍得不錯的電影、連續劇或新聞報導專題，還是有學習的價值，是未來做講座或演講主題的話題，也能當作談話內容，而速聽就是收集這些資訊的技巧。

不過有一點要注意的是，有人主張速聽與速讀可活化腦部，讓腦筋變得更聰明，且市面上有許多收費的相關講座與商品。然而，身為工程師，大概不會相信這　套，因為毫無根據。說到底，速聽與速讀只是節省時間的技巧。

Section

3

零散的知識要靠「經驗」串起來

賈伯斯「點」的故事……相信總有一天，點與點會連成線

如果只有知識而沒有經驗，通常很難付諸實用。一如前述，知識充其量是常識，將這些零散的常識串起來的是「經驗」。腦袋裡的零碎知識是透過名為經驗的繩子產生關聯性，而這就是工程師的成長。

蘋果公司創辦人史蒂夫賈伯斯曾去史丹福大學發表了一場知名的演講。其中賈伯斯提及讓點連成線的重要性。

內容大致如下：

當下你們是沒辦法讓點連成線的，你們能做的只有不斷回顧過去，體會哪些點已經連成線了，所以我希望大家相信現在的每個點會在哪一天、哪個時刻、以何種形式連成線。不管是你的努力、命運還是人生，什麼都可以，只要相信這些點會在某處連成線，那麼儘管你走的道路與別人多麼不同，都能帶著自信走下去。

容我重述一次，知識充其量是點，說得極端一點，所有的知識都是常識，唯有經驗能串起這些常識與知識。

若是工程師，在念大學的時候，應該有實際演練或實驗的經驗，常常會實踐課本上學到的東西。實際演練或實驗常常不會完全印證理論的結果。在反覆試做之後，這些零散的知識總算彼此相連。賈伯斯雖然沒有實際演練或實驗的經驗，但是他在進入社會後學到的經驗，有助於他用在電腦的設計上。

在什麼都能透過電腦來搜尋的時代，吸收這些印刷成冊的知識，絕對不會浪費時間。如果你是喜歡蘋果電腦的人，更應該記得賈伯斯的演講，努力吸收零碎的知識。

名為經驗的線會隨著累積越來越粗實

賈伯斯在大學學到的字體美學知識，在日後發揮了意想不到的功用。應該有不少人有過類似的經驗，例如學生時代的打工經驗在日後發揮難以想像的功效。散落在腦袋裡的知識，會在每一次累積經驗時連成一條線，而這條線會隨著經驗的累積越來越粗。

這種說法不一定要和腦部神經網絡扯在一起。偶爾我們會在新聞上看到，腦神經的突觸是透過經驗彼此連接的說法（學說），這是否屬實我不確定，只要知道：知識是透過經驗串連起來的就可以了。

可惜的是，腦神經的構造與腦部運作方式的研究才剛起步。我雖然對這個領域很有興趣，但目前還是充滿未知，大部分也還沒有定論。幾年前讀到的知識，常常被最新的研究推翻，讓人無所適從。

大家可以把「腦中散落的知識是透過經驗連結起來」這回事，當成一種比喻就好。一旦這麼理解，反而讓腦神經的世界更有趣，會想讀一些這方面的書，多搜尋這方面的知識，這麼做已經是敲門磚，只要不是腦神經科學的專家，就不必太鑽牛角尖。

認知科學本身也能應用在設計上。該怎麼設計出人類可以輕易操作的介面呢？這部分將應用今後認知科學的成果。

讓自己擁有廣泛的興趣有利知識的吸收，而且搜尋這些知識也很有趣。搜尋喜歡和不喜歡的知識，是完全不同的效率，對身體的影響也完全不一樣。

大家只需要意識到，零散的知識是靠經驗串連起來的就夠了。

Section

4

擁有專屬自己的職能

測試工作能力的「職能模型」

「職能」曾有一段時間在績效評比界蔚為話題，但最近已經鮮少人提及。職能一詞最晚應該是在一九七〇年代出現，換言之是誕生超過四十年以上的詞彙。

哈佛大學的麥克利蘭教授（心理學）曾針對學歷、智商都具有相近成績的外交官進行研究，以了解他們之間為什麼會有不同的政績差異，結果發表了「職能」這個包含知識、技術、人類本質的廣泛詞彙。現在即使在美國，是否該以職能模型決定人事的採用與考核仍有爭議。

工程師熟知的ISO9001之中，在人力資源的「力量」評估部分，也使用職能模型作為職能評估標準。換言之，所謂的「力量」就是「職能」。姑且不談學術的解釋或ISO的定義，「職能」指的就是知識、技巧以及動力這類執行職務的能力。

只有知識或幹勁，無法在每個組織裡充分發揮職能。大家可以觀察一下身邊的人，是不是有些人明明具備知識與技巧，卻總是無法在工作上取得成果？但是有些人明明只擁有平凡的知識與技巧，卻總是締造不凡的佳績？麥克利蘭教授認為，能締造佳績的人必有共通之處，在統整之後得出的答案就是職能。

要一邊顧慮自己扮演的角色、立場，一邊兼顧周圍的狀況與達成目的，除了知識、技巧與幹勁之外，還需要什麼嗎？

使用職能模型評估績效的企業會以「隨和」、「傾聽力」、「營造氣氛能力」、「計算能力」、「邏輯思考」進行評估，想必大家已經知道，這種評估很困難。如果你所處的組織也採用職能模型評估，那麼只要注意這幾項評估基準，績效評比就會提高。

時時注意自己的職能

然而，無論組織的績效評比是否採用職能模型，工程師都該重視自己的職能。日本早期都將績效評比的重點放在「協調性」、「積極性」、「規律性」、「責任性」這些項目上，這些都是在集團推行業務所需的特性。

相對地，電腦工程師更在乎的是個人能力。今後的工程師必須在全球化的浪潮中，一邊跟上世界標準，一邊完成手上工作。比起閉門造車，多看看外面的世界更重要，才能讓自己的舞台變得更寬闊。

我一直想辦技師檢定的講座，因為許多工程師不擅申辯，也不太會寫申論內容。雖然這麼說很奇怪，不過他們確實不懂如何讓對方了解自己的想法。

溝通是今後越來越重要的能力。除了母語外，外語也被視為是必要的能力。不過，在熟練英語或其他語言前，還是得多磨練自己的母語。一開始得先學習傾聽，後續的文章表達與簡報能力也非常重要。現在早已不是技師只有技術就能走遍天下的時代。

成為締造成果的人

職能是不同於知識或技巧的能力，是個灰暗不明的詞彙，說得簡單一點，就是「工作能幹的人的行動特質」。

現代的工程師都是以團隊的方式工作，無法與團隊成員密切合作的人，往往拿不出工作成果。天才型的工程師或許另當別論，但是這樣的人通常不會閱讀本書。

你身邊若有持續締造工作成果的人，他們應該都擁有這類行動特質才對。雖然只憑專業能力也能拿出成果，但畢竟不是長久之計，從演藝界的角度來說，就是曇花一現的藝人。只有學會商場禮儀、具備一般的常識與廣泛的知識，同時又深入學習專業知識，才能提升職能。

Section
5
比起看懂財務報表，經營的手感更重要

要不要學習簿記呢？

參加簿記或會計學講座的工程師比想像中的來得多。許多簿記、管理學、會計學的書籍都會加上「一學就懂」這類書名，其中最讓我吃驚的是「一秒就懂」，不過反正只是書名，姑且就不深究。

不過從「簡單」、「誰都能立刻學會」、「幾小時（幾秒）就學會」的這些書名來看，反而間接證實這些學問有多難。到底哪個部分很難呢？大概是因為沒有實際使用過，所以覺得很難。某種程度而言，就像學習語言那麼難吧。

只要不是會計部的員工，就不需要「簿記」的知識。在生產線管理生產流程或是計算成本，都不需要簿記的知識。

比起簿記，工程師更需要經營的手感

比起簿記、管理學、會計的知識，工程師更應該磨練經營的手感，但什麼叫做經營手感呢？

由於經營手感是一種感覺，所以會有曖昧難明的部分，但人概具備下列特質。

這個特質就是：

經營手感＝成本意識＋現場觀察力＋觀察的先見之明＋金錢與時間的平衡感

每天觀察才會發現變化。觀察與看到是不同的，觀察是非常重要的部分。你每天都會去二樓的更衣室吧。你知道上去二樓的樓梯有幾階嗎？
…？有幾階呢？
即使每天都看到、都在走，不觀察就不會發現有幾階，對吧。答案是十八階。

若是經營者，這可能還有所不足，但對第一線的工程師已然足夠。太過執著於細節，反而會有見樹不見林的盲點。

若已經掌握經營手感，進一步學習簿記當然是無傷大雅，但不建議顛倒學習的順序。

那麼，在職場第一線該觀察什麼呢？

其實就是從每天的觀察中找出變化或是不對勁的地方。

變化當然有好有壞，庫存或是其他東西突然急遽增加、減少，水電費突然大幅變化，可以從這些讓你覺得「咦，怎麼回事？」的地方著手調查。這可說是一種確保萬無一失的策略。無論是生產線、室外工作地點或是軟體開發職場，找出不對勁的地方都是非常重要的。

Section

6

智慧財產權可以助你一臂之力

了解智慧財產權的相關法律

智慧財產權的法律大致可分成兩種。

第一種是包含被稱為「工業產權四法」的專利法、新型專利法、設計專利法、商標法的「智慧財產權法」，大部分的工程師只需要了解這部分。

第二種則是被分類為狹義的「智慧財產權法」的著作權法、公平交易法、種苗法。

從嚴謹的定義來看，對於法律的解釋會有不同，不過還是請大家先了解智慧財產權大致分成兩種，而這兩種又可細分為四種或三種。

工程師真正該了解細節的是稱為工業產權四法的專利法、新型專利法、設計專利法與商標法這四種。接著就為大家進一步說明。

新型專利法

新型專利法的目的就如第一條所述，是「本法律基於保護與利用物品的形狀、構造與組合獎勵創作，以藉此促進產業發展。」此外，所謂的創作已於第二條定義，也就是利用自然法則的技術思考。

這與專利有何不同呢？

簡單來說，專利是在提出申請、經過實質審查與註冊在案後，才取得權利，而新型專利法則在提出申請到註冊在案的過程中，就取得權利。

新型專利不需要經過實質審查，所以取得權利的時間與費用也相對精簡。

大致來說，大概三個月就能取得權利，如果是自己申請的話，大概三萬日圓就綽綽有餘（如果請律師處理，費用就另當別論）。

因此，如果覺得難度不高，並希望以低成本較早取得權利，這可說是有效的手段之一。

不過，有優點就會有缺點。在新型專利權制度下，可不經實質審查就註冊，因而無法客觀判斷專利的有效性。因此，當事人若要行使權利，自己就必須提示權利的有效性。

現代商品的周期都非常短，只要不是來不及申請專利，很少會申請新型專利。

設計專利法

所謂的設計，一言以蔽之就是外觀。

商品除了性能外，外觀的吸引力也非常重要。如果絞盡腦汁才完成的設計被別人盜用，設計者一定無法忍受，而設計專利法就是為了避免這類情況發生的法律。

接下來也從條文開始說明。設計專利法的第一條為「本法律的目的在於透過保護設計與活用設計，獎勵設計創作，促進產業發展。」所以與專利一樣，都是為了「促進產業發展」而訂立的法律。

此外，除了日本，其他國家當然也訂立了設計專利法，但是每個國家保護的對象不同，有的是保護創作物本身，有的則是保護創作的成品。

商標法

這是關於文字、符號、圖案這類圖形的保護，藉此獨占使用權，排除他人使用的權利。向專利局提出申請後，通過審查即可完成註冊，有效期為十年。審查並不嚴格，只要不是和之前有註冊過的商標相同，大概一個月就能通過。雖然可不斷更新商標，但是申請、註冊與更新都需要費用。

主要的功能有載明出處、品質保證、廣告，而這就是所謂的註冊商標。

關於商標的法律，世界各地也不一致，在申請後，有的國家還需要通過審查，而有些國家則是採取使用主義（例如美國），有的則採註冊主義（例如日本或歐洲）。只要不是直接向尋求保護的國家申請，或是未根據馬德里協定完成國際註冊，商標受保護範圍只限於國內，無法適用於國外。

備受注目的智慧財產管理師

二〇〇八年，由技能檢定制度認可的技師又多了一種。

那就是智慧財產管理師，簡稱「智財管理師」。這種技師與律師不同，無法獨立創業，也無法代行智慧財產權相關的法律程序，只能在公司或團體內負責管理與應用智慧財產，屬於企業或團體的證照。

由於不像律師執照那麼難考，所以就算是工程師，只要想進一步了解智慧財產權，也可以參加考試。

這項考試從三級開始，三級不需要任何應試資格，每個人都可參加。考試分成測驗知識的單選題以及測驗實務能力的筆試。只要稍加研讀就能了解三級的內容。然而三級的程度略嫌不足，要在一般企業處理有關智慧財產事務，最好取得二級的執照。

詳情請參考智慧財產教育協會的網站：http://www.kentei-info-ip-edu.org

Section 7

思考專利屬於何處

專利法到底是什麼法律

專利法的目的在於下列第一條定義。

（目的）

第一條　本法律的目的在於透過對發明的保護與利用獎勵發明，進而促進產業發展。

專利法雖然常被誤解，但目的還是促進產業發展，而非保護發明者的利益。雖然法律明文規定是要保護發明與利用發明，但終究都是為了促進「產業發展」。

所以，大部分的國家都會在專利申請後的一段時間公開專利，雖然這部分也有許多人誤解。

大部分的國家會在提出申請後的一年半自動公開專利的申請，但此時只是公開，是否會成為專利還是未知數，而且專利制度本來就不是為了保護發明者的利益而存在，所以才會有這項平衡公開與獨占的公開制度。

專利制度的本質就是給予一定時間的獨占權，藉此補償技術公開的損失與獎勵發明，而根本的目的在於促進產業發展。或許有人會問：「應該不會什麼都公開吧？」但是公開是有正當理由的。

理由大致有下列四種：

一、創意公開後，即使後續有人提出相同的創意，也無法形成專利。

二、在同一個國家裡，較晚申請的專利將被排除。

三、可了解專利的範圍。

四、申請人具有保證金請求權。

這四點就是公開專利的理由，調查美國或其他國家的專利制度，大概會得到相同的理由。

專利不是提出申請就好

話說回來，前述的專利相關思維只是理想的狀態。在網路超越國境的現代，資訊可以隨時查詢閱讀。就日本現行制度而言，在提出申請之後，專利內容大概會在十八個月後公開，所以有越來越多發展中國家的工程師會查詢專利內容，然後模仿，這類仿冒品還會從國外輸入日本。這樣的專利狀況可說是失敗的。

所以不要申請專利會比較好嗎？如果是隱密式的知識或技能類的專利，的確不申請會比較好，另外像是食物的調味配方也不適合申請。反之，如果是外顯知識的專利，就應該申請，才能得到保護。

光看外表就能模仿的作品，最好透過專利申請，得到一段時間的保護。不過也有處於灰色地帶的作品，所以還是得針對個案判斷是否需要申請專利。

唯一可斷言的是，不是什麼都需要申請專利，也不是申請專利就不利產品的銷售。就某種意義而言，專利是全人類的財產。

專利只有在事業應用時才顯出價值

或許大家會覺得這個標題很多餘，但是事實上很多專利沒有得到實際的應用。

這世上有熱愛發明的人，也有想到創意就立刻提出專利申請的人。如果不請律師辦理申請，也不會花太多錢，所以就立刻申請了。不過，有許多專利都沒有對產業發展發揮任何作用，只是付了申請費給專利局而已。無論註冊與否，只提出申請是沒有意義的，而且無助於專利的第一目的「促進產業發達」。

舉例來說，即使到了二十一世紀的今天，名為「永動機」的專利申請在二〇〇〇年之後也只有二十件。當然可能也有不以「永動機」為名申請的專利，所以不進一步確認，就無法得知到底有幾件。不取名為「永動機」的發明可能很多，或許一年內就有十件到幾十件。

如果只是惡作劇而提出申請，實在很浪費時間與金錢，而且只會干擾其他案件的審查，本書的讀者應該是不會做這種事才對。

為了以防萬一，在此要特別說明的是，一如專利法第二條所述，發明的定義就是「在**利用自然法則**創作的技術性思想之中，較為進階的創作」（強調的部分是筆者自己加上的）。

「永動機」本身即是違反自然法則的，因為它本來就不是利用自然法則創作的作品。

或許本書的讀者看過下頁的圖。這是十七世紀英國伍斯特侯爵提出的永動機。只要

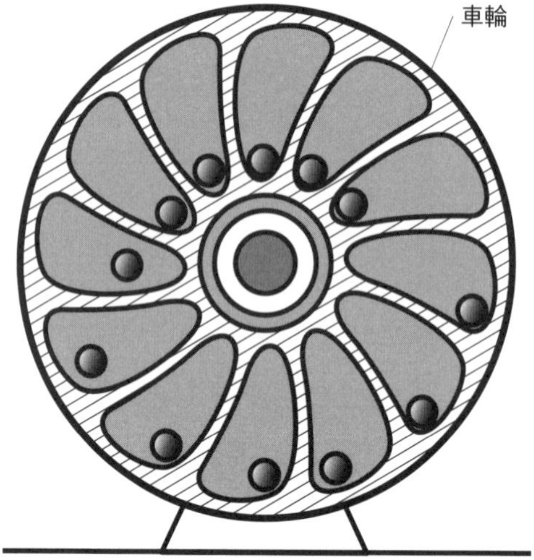

轉動一次車輪，就會永遠自己轉動下去。

現在看來或許覺得可笑，但在技術發展史上，很多人對永動機走火入魔。至今還有人提出相關的申請，其魅力之深可見一斑。

姑且不論永動機的原理，專利不是提出申請就好了，還得配合自家公司的成長策略才有效益。

此外，專利局也會公開「戰略性智慧財產管理——提高技術經營力」的《智慧財產權戰略事例集》。

這本事例集也闡述了「為了於自家公司的事業應用而進行研究與開發，並將開發成果視為智慧財產權」的說法，我非常認同這句話。

不管什麼企業，資源都是有限的，草率申請專利只是一種浪費，必須將優異的發明視為智慧財產，然後策略性利用這些發明。

工程師喜歡發明，希望透過前所未有的創意解決問題，而且樂在其中。

不過，在思考商業模式時，就算創意與技術都很不凡，也不一定能掀起創新的浪潮，大家一定要記得這點。

第四章

提升職涯的「跳槽」

世界是一座舞台，所有的男男女女不過是一些演員；他們都有下場的時候，也都有上場的時候。一個人的一生中扮演著好幾個角色。

莎士比亞《皆大歡喜》第二幕第七場

Section 1

時間？能力？工程師的賣點是什麼？

出賣時間的工作很辛苦

雖然一再提醒是件很令人厭煩的事，不過唐諾舒伯的這句話值得大家記在心中：「所謂工作就是表現自己的能力、興趣與價值觀的事情，否則工作就會變得枯燥而毫無意義。」

只要是上班族，時間的支配就會有某種程度的不自由，所以總會不自覺地認為自己是把早上九點到下午五點或五點半的時間賣給公司，藉此換來薪水。或是在這段時間之後加班，「這個月加班了幾小時，所以加班費有幾萬！」而小小雀躍一下。

不過，這種思維到最後只會對工作產生負面的觀感。如果工作是得以表現自己的能力、興趣或價值觀，那麼你賣給公司的就是能力而不是時間。

這種思維不僅適用於工程師，放諸各行各業皆準，而且專業性較高的職業更是得特別強調這點，公司、組織或管理職也應該具有這樣的思維。

要巧妙地管理專業員工，就不該從員工的身上奪取時間，而是讓他們發揮能力。如果只是出賣時間的工作，就算一個月只加班十個小時，恐怕還是會覺得辛苦，如果是發揮能力的工作，一個月加班一百個小時也不會覺得疲倦。

如果是發揮能力的工作，即使是例行事務，也會從中發現可改的地方，縱然是不具創造性的業務，也能有創造性的改善。

工程師的賣點就是能力

只願收購時間的公司不如掛冠求去

與行政或總務工作不同的是，憑藉專業推動工作的工程師不是以時間計價，而是以締造的成果計酬。若可以讓能力與專業知識發揮到極限，創造使顧客得到喜悅與好處的作品，那就是皆大歡喜的結果。

當然，某些領域的工程師沒機會發揮創新力，舉例來說，負責基礎建設的工程師理所當然要讓電力能夠穩定供給，或讓電車安全行駛。就某種意義來說，大部分的工程師都是社會的幕後推手，能揚名於外的工程師大概只有建築師。

即使是建築師，也只有負責設計的建築師會出名，很少結構建築師是家喻戶曉的名人。工業產品也是以設計師為主，引擎、底盤、煞車的設計者通常都名不見經傳。

不過，應該沒有工程師會因此覺得不滿，大部分的工程師都滿足於扮演幕後推手的角色，撐起社會的運作。甘於現況沒有不好，既然要當幕後推手，出賣的一定就是能力，管理者與經營者也必須善用工程師的能力，並且支付相對的酬勞。

一直想跳槽的話，
前途堪慮啊！
太過躁進可是會後悔的喲。
還是先仔細調查，再以 PDCA
重新檢視工作吧。

世上有形形色色的經營者，在日本，若以理組或文組分類，經營者通常屬於文組。即使連中小企業也納入，分類方式也是五花八門，分類結果也很多元，但就是沒有得到理組的經營者比較多的結論。有這樣的結果也不必太意外，因為在大學、高職、高中選擇理組的人本來就比較少，與文組的比例大約介於四比六到三．五比六．五，而且到了經營者這個層級，文組畢業的更多，比例也上升到二比八到二．五比七．五之間。

雖然不能以此為藉口，但許多公司或組織確實無法正確地考核技術性員工。尤其在進行基礎研究的時候，是無法短時間內拿出成果的，此時正在開發的商品，無法創造今年或明年的業績。如果夾在公司與技術性員工之間的主管能夠理解這點，或許還不會刁難工程師，若非如此，就只能考慮是否跳槽了。

然而在日本，大部分人對跳槽都有負面觀感，所以絕對不要草率地跳槽，必須事先做好功課與擬訂計畫。為此，不妨請逐漸增加的人力仲介公司介紹。人力仲介公司也有專精的領域，可以事先調查再行委託。

這一切和你的人生息息相關，所以花半年一年調查也值得。反之，如果只是對現在的公司不滿而未經思考就大喊「我要辭職！」最終只會後悔。

相較於個人，組織當然比較強韌。失去優秀員工的組織當然也會受傷，但不致於會因此倒閉，反觀個人就不同了，一旦沒了薪水，就等於賺不到生活費，你跟你的家人就活不下去了。

Section 2

你的價值觀、能力、興趣是否已有所表現？

找出擅長的領域

只要沒有特殊原因，人大概得工作一輩子。除了睡覺外，占掉我們時間最多的也是工作。既然工作的時間那麼多，而且又避無可避，那麼至少希望自己能享受工作。

所以前面提到唐諾舒伯所說的沒錯。若能在工作表現價值觀、能力與興趣，那麼一生將會快樂充實。

但要請大家注意的是，我的意思不是你喜歡的領域就足夠。只有喜歡，是無法在專業性較強的領域勝出的。總而言之，就是要能「表現自己的價值觀、能力與興趣」的領域。越早知道自己的能力可以在哪個領域發揮，越有機會早一步實現滿足的人生。

喜歡的事剛好等於你的專長的話，那當然沒問題。下述例子雖然有點極端，但我覺得美國大聯盟的鈴木一朗選手既喜歡棒球又擅長棒球。

想成為工程師的人，大多小時候就喜歡拆解機械或玩塑膠模型，所以喜歡的事情與擅長的事情有某種程度的重疊。如果能從中進一步找到擅長的領域，人生就會變得充實快樂。

先寫成文字

很多人以為自己了解自己，其實不然。大家可以試看看下面的做法。

第一步，先寫出興趣與專長。建議大家寫在便利貼上面（七．五公分×五公分），一張只寫一件，目標是寫出二百張。寫的時候不需要深思熟慮，這不是給別人看的東西，所以寫些稍微奇怪的事情也沒關係。

寫的時候稍微區分一下，請在專長的項目上標註「專」，有興趣的項目則標註「趣」。可以標註在便利貼的右上角就好。二百張只是參考值，大概有這個數量就可以了，但不能只有一百張或一百五十張，這樣就太少。寫到想不出來的時候，才會寫出真正的興趣與專長。

簡言之，就是要大家寫出要經過長時間思考才能想到的事，所以希望大家集中精神，一口氣寫到底。

寫完之後，將相似的項目便利貼排在一起分類。二百張的話，大概可以分成十五到二十種，然後從每種分類挑出最喜歡的事情與最擅長的事情。

最後大概可以挑出三到五張便利貼。這應該是二百張便利貼之中，你最喜歡與最擅長的事情的前五名。

這件事可一年做一次，如果還是學生，重複三年，就能看清自己的興趣與能力；如果已經進入社會，則不需要每年做，只要在二十五歲、三十歲、三十五歲這些年齡的節骨眼做就好。

說到底，大部分的人都會因為找不到自己的興趣與專長，而不自覺地走上幸與不幸的道路。為了避免如此，到了得思考自己人生的年齡後，請買一堆便利貼，仔細地審視自己。

心理測驗不可信以為真

有些人會在找工作或跳槽時做心理測驗以及個性診斷。比起上述的便利貼自我審視法，心理測驗比較簡單，只要回答問題而已，完全不用思索自己的興趣與專長。

不過心理測驗真的準嗎？答案是否定的。美國心理學家貝特拉姆福瑞曾提到，心理測驗有所謂的「巴納姆效應」。所謂巴納姆效應就是，任何人只要看到普遍性格的描述時，就會覺得測試「很準」或「簡直在描述自己」的心理現象。這是因為誰都想了解自己而產生的心理作用。

順帶一提，大家也可以讀一讀福瑞的心理分析結果文章，重點大致如下：

一：每個人都有被他人喜歡與尊敬的強烈欲望。
二：你有批判自己的傾向。
三：你有很多未開發的潛能。
四：雖然個性上有缺陷，但一般而言都有能力克服。
五：你有性格適應的問題。
六：你表面看來雖然自律自制，但內心卻很不安，很容易胡思亂想。
七：你常常煩惱自己做的事情與判斷是否正確。
八：你喜歡某種程度的變化與多元性，對於太多的限制會覺得不滿。
九：你認為能一個人思考是件了不起的事，沒有足夠的證據就不會接受別人的意見。
十：你認為把自己的祕密告訴別人不太聰明。
十一：你有時很外向，很懂得交際，有時卻很內向、謹慎與低調。

十二：你的願望通常不切實際。

十三：生活安穩是你的人生目標之一。

（《心理測驗就是一場謊言》村上宣寬，日經ＢＰ社出版）

如果心理測驗的結果出現這十三項，你會接受嗎？這是福瑞在一九四八年針對數十名學生進行的測驗，評分從〇分（完全不準）到五分（完全準確），而在這〇至五分的評分裡，這項測驗得到平均四．二六分的結果。

換言之，大部分的學生覺得這十三項內容是在描述自己。七十年前的與現在的人不一樣嗎？或許測驗的方法有些不同，但是結果的可信度卻應該差不多。心理測驗至今有些進步，主要是因為ｆＭＲＩ（功能性磁共振影像、functional magnetic resonance imaging）的普及。ｆＭＲＩ可以讓血液的流動狀態視覺化。

我不是全盤否定這類測驗，只是希望大家別因為迷信而把人生全交給這類測驗決定。如果心理測驗不可完全相信，那麼就只有自己審視自己的一切了。

Section 3

工程師的跳槽率並不高

工程師的流動率很低

雖然資訊工程師的情形與過去截然不同，但是硬體工程師的流動率仍然很低。一如下頁所示，最近的跳槽率特別低，而且是整個業界都下滑。雖然不是很精細的分類，但至少是日本厚生勞動省的資料，有一定的可信度。

第一三四頁說明的是建築業、製造業與資訊業的狀況。第一三五頁左下方是學術研究、專業技術服務業（包含專業顧問），也被列入統計。這部分資料雖然包含文組業務

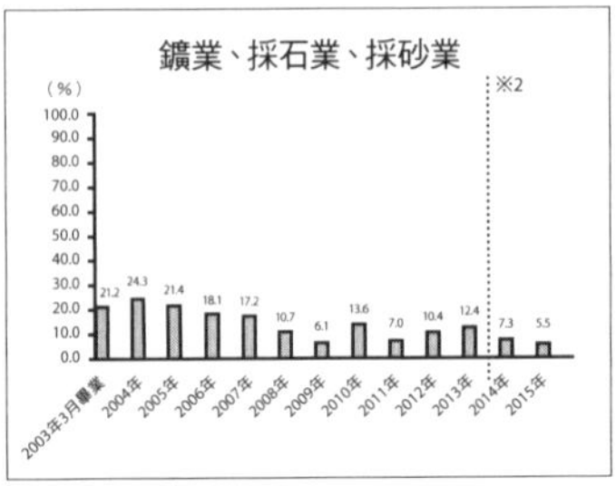
鑛業、採石業、採砂業
(%)
※2
21.2 24.3 21.4 18.1 17.2 10.7 6.1 13.6 7.0 10.4 12.4 7.3 5.5
2003年3月畢業 2004年 2005年 2006年 2007年 2008年 2009年 2010年 2011年 2012年 2013年 2014年 2015年

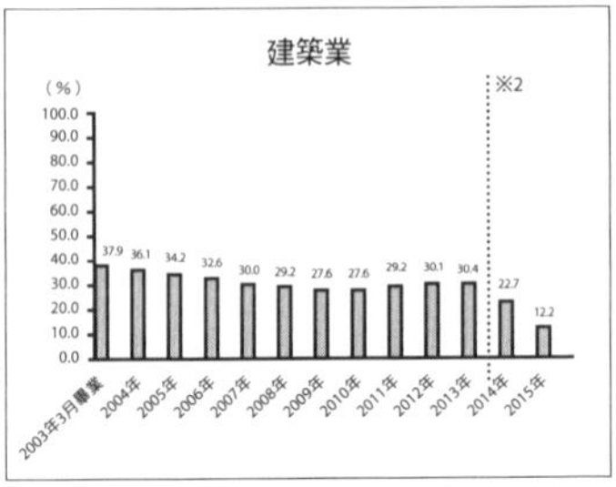
建築業
(%)
※2
37.9 36.1 34.2 32.6 30.0 29.2 27.6 27.6 29.2 30.1 30.4 22.7 12.2
2003年3月畢業 2004年 2005年 2006年 2007年 2008年 2009年 2010年 2011年 2012年 2013年 2014年 2015年

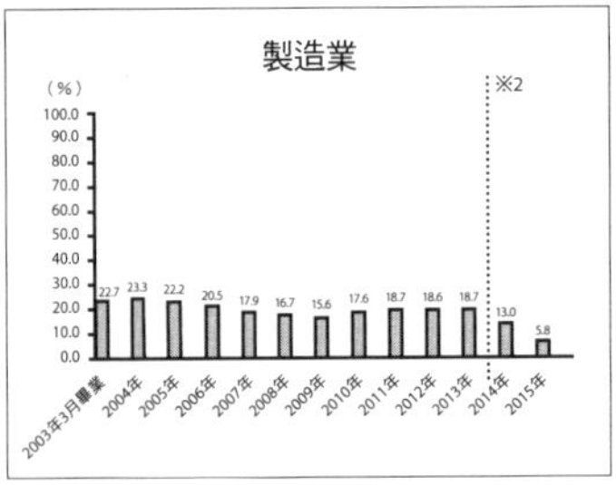
製造業
(%)
※2
22.7 23.3 22.2 20.5 17.9 16.7 15.6 17.6 18.7 18.6 18.7 13.0 5.8
2003年3月畢業 2004年 2005年 2006年 2007年 2008年 2009年 2010年 2011年 2012年 2013年 2014年 2015年

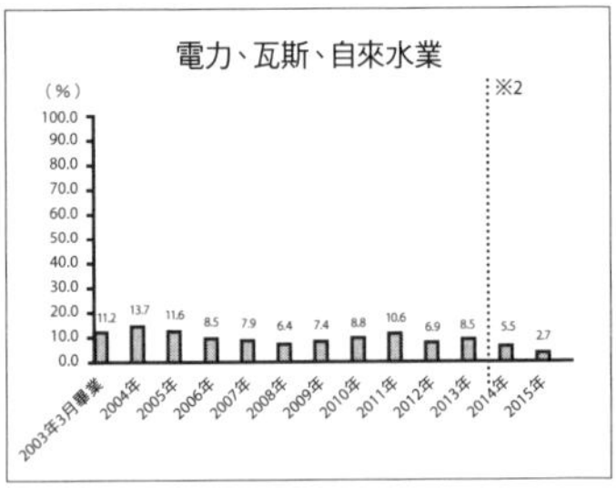
電力、瓦斯、自來水業
(%)
※2
11.2 13.7 11.6 8.5 7.9 6.4 7.4 8.8 10.6 6.9 8.5 5.5 2.7
2003年3月畢業 2004年 2005年 2006年 2007年 2008年 2009年 2010年 2011年 2012年 2013年 2014年 2015年

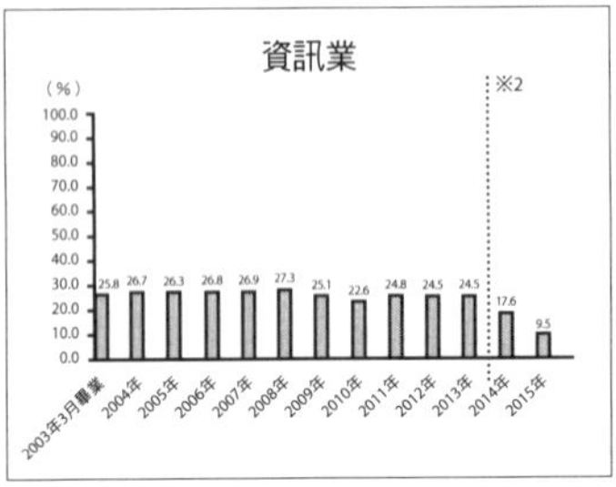
資訊業
(%)
※2
25.8 26.7 26.3 26.8 26.9 27.3 25.1 22.6 24.8 24.5 24.5 17.6 9.5
2003年3月畢業 2004年 2005年 2006年 2007年 2008年 2009年 2010年 2011年 2012年 2013年 2014年 2015年

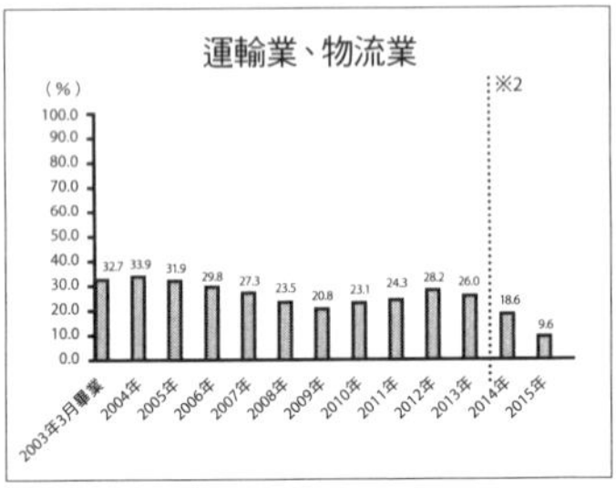
運輸業、物流業
(%)
※2
32.7 33.9 31.9 29.8 27.3 23.5 20.8 23.1 24.3 28.2 26.0 18.6 9.6
2003年3月畢業 2004年 2005年 2006年 2007年 2008年 2009年 2010年 2011年 2012年 2013年 2014年 2015年

大學畢業生的產業分類（大分類 *1）畢業三年後 *2 的離職率趨勢

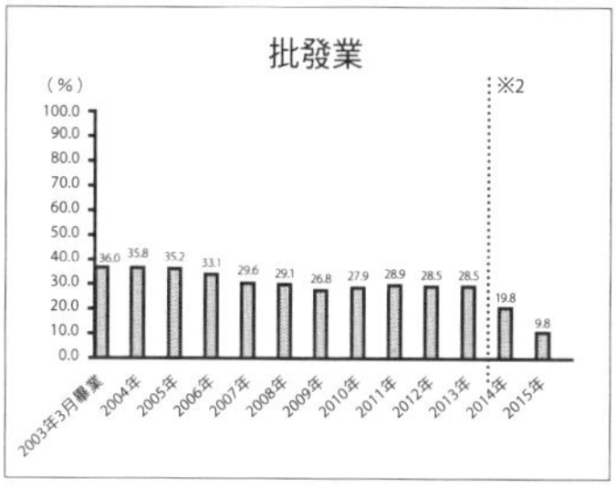

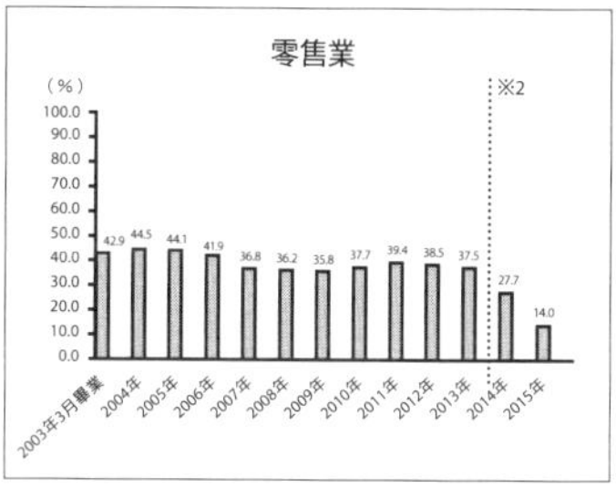

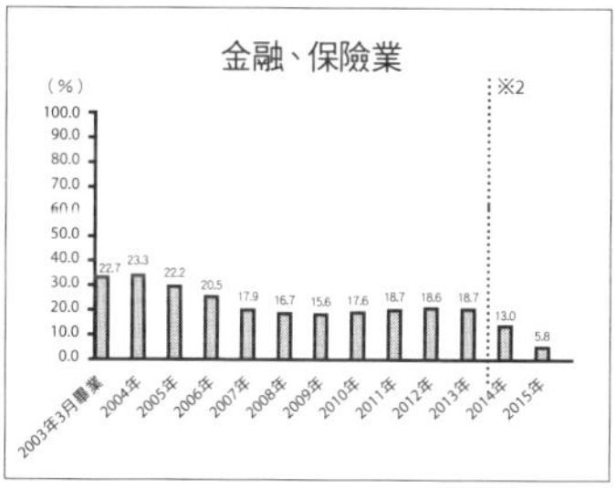

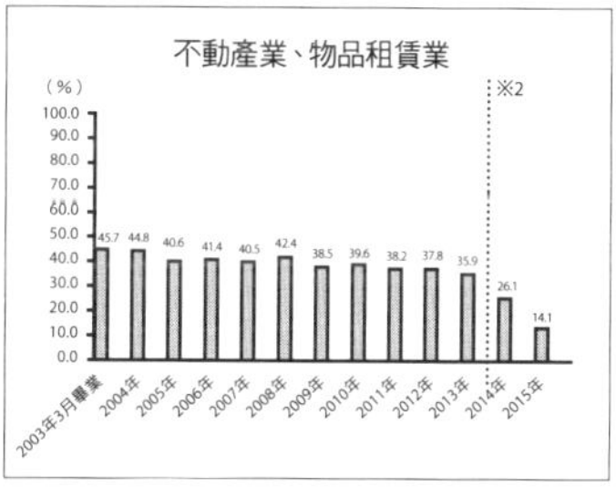

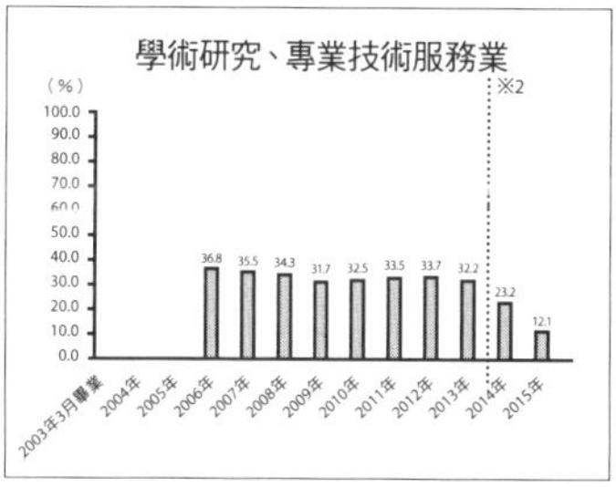

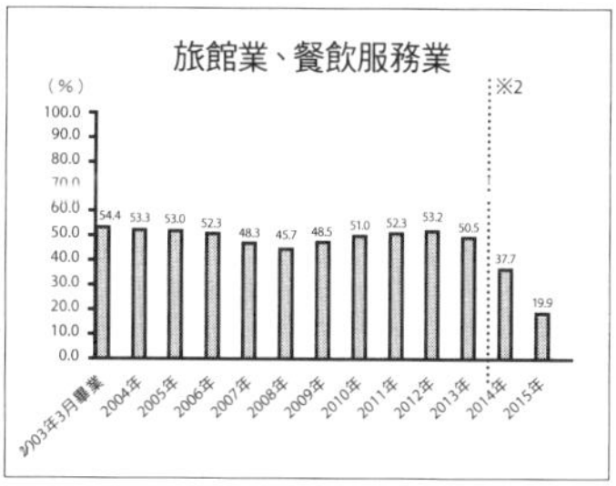

***1**：產業分類於二〇〇七年十一月修訂。有關修訂細節以及各產業細目，可於下列統計局官網瀏覽。http://www.stat.go.jp/index/seido/sangyo/19index.htm

***2**：記載的是二〇一四年三月畢業，就業兩年後的離職率以及二〇一五年三月畢業，就業一年後的離職率。

員的跳槽率，但一般認為工程師比文組的人還不常跳槽。大家可以瀏覽各產業的整體趨勢。

一三四、一三五頁的資料為畢業三年後的跳槽率。直虛線右側的資料是進入公司第二年與第一年的跳槽率，整體都呈現下滑的趨勢。當然也有些產業完全沒有什麼變化。十年前的製造業超過百分之二十，現在只有百分之十八。在這份資料裡，跳槽率較高的資訊產業被分類為資訊業，跳槽率雖然比製造業高，也僅止於百分之二十五。換個角度說，四個有三個在經過三年後，仍在同一間公司服務。同文組的跳槽率較高這點來看，工程師的確較少跳槽。

流動性低代表跳槽的風險大

流動性低意味著跳槽的風險很高。換言之會成為式微的一群。近來全世界興起一股「人材全球化」的風潮，唯獨日本反其道而行，總有一天會出現缺口。日本的產業構造若再不思改變，就無法在世界經濟的浪潮中求生。今時不同以往，無法再如從前鎖國。

這讓人不禁思考跳槽的風險。

日本所謂的「就業」，就是像張白紙般進入公司，但是大家可以仔細想想，工程師是擁有技術的專家，也是一種職業，所以成為工程師就意味著就業。你在求學期間選擇工程師這條路就已經就業，而不是在進入公司之後才就業。

再加上如果人生的目的是過得幸福，那麼你選擇工程師這項職業後，就必須建立讓自己感到幸福的人生。

大學剛畢業的你，不懂社會的邏輯與公司的事務，的確無可厚非，不過若在此時找到足以發揮自己興趣與能力的領域，不妨試看看往這個方向前進。如果一開始選擇的公司就能實現這個願望，那當然是再好不過了。

希望大家銘記在心的是，別以跳槽為就業的前提，因為跳槽有風險。但是我也同時建議大家，在找到得以展現自己興趣、能力、價值觀的領域後，就心無二念地投入。

Section 4

履歷表不是業務報告書

履歷表該寫什麼？

本書不講解網路上那些將重點放在錯、漏字或字數的老生常談，這部分自行參考求職專書即可。

我有位朋友是人資專家，老是把這句口頭禪掛在嘴邊：「他們一直搞不懂付了錢就教你知識與技術的『學校』，與付你薪水、要你提供能力的『企業』，是完全不同的組織這回事。」據說只要在公司說明會提出這樣的問題：「上班之前，我該做什麼準備呢？」的學生，他一律不錄用。

姑且不論這麼初階的事，讓我們先思考工程師在撰寫履歷表的時候，該注意哪些事情？要注意的是，這裡說明的是跳槽使用的履歷表。適合應屆畢業生的求職書籍已汗牛充棟，社會新鮮人參考那些書籍就夠了。

第一步要問的是：你擁有哪些經驗，又能做什麼事。

把你的經驗寫得像部落格或日記那樣冗長的文體是絕對不行的。開頭該寫的是下列三點：

一　那項業務的目的

二　你在那項業務扮演的角色

三　執行業務時，背負何種責任

請務必寫清楚這三點。寫好後，請從頭再看一遍，確認這三點寫得夠清楚，最好能請別人看過一遍。

重要的引言後面，是主題的部分，主題也分成三點：

一　是否說明解決課題的背景？

二　是否說明想出解決方案的過程？（為什麼這個解決方案比較好？）

三　是否說明了最後的成果？

成果與結果不同，寫在履歷表的應該是取得成果的業務。最後是總結的部分，一樣分成三點：

一　是否寫出解決課題之後得到的能力、知識與技巧？

二　是否寫出了解自己原本的不足之處？

三　是否寫出今後要以何種方法培養能力？

若能清楚寫好前述幾點，就是一份不錯的履歷表了。

面試官不愛聽自我膨脹的內容。
充其量是過去的成功經驗。
只要告訴我要怎麼應用
過去的經驗就可以了。
寫出得獎紀錄或取得專利的內容也可以，
但是這些都不太重要。

因為面試官想知道的就是這些。

多數的履歷表都寫成業務報告

工程師的履歷表最常出現「取得○件專利」、「曾被經營者表彰」、「某項知名產品是自己設計的」這樣的敘述。即使是事實，那也是之前的工作成果。

很多人常在履歷表填入過去做過的事，尤其是輝煌的過去。但是面試官不在意這些事，他只關心眼前的這個人能否適應新職場與新業務，拿出比過去更棒的成果。比起過去的成績，面試官更關心你要如何活用之前的經驗。「做過這個，也做過那個」，這些只是在吹捧自己。向新職場的面試官報告其他公司或組織做出的成績，一點也不討喜，因為面試官不想聽你吹噓，也會覺得無趣。

相反地，如果是「那件專案雖然因為某些因素未能完成，我卻學到〇〇經驗，能於下次的工作應用」這類內容反而更好。不過失敗的經驗通常很抽象、很普遍，最好能連帶寫出如何在其他情況應用的實例。

Section 5

跳槽到同業公司時，必須注意的事項

選擇職業的自由與保密義務

最近越來越多人離職後，因為保密義務而鬧上法庭的新聞，所以希望工程師——尤其是與開發相關工程師——在跳槽時，要特別注意這個部分。

隨著社會經濟情勢變化，員工的流動率、跳槽率也變得頻繁，想當然耳，因離職後的保密義務與競業條款而引起的紛爭，也隨之增加。

新公司要求員工活用在前一家公司學到的知識、經驗與技能，是理所當然的事，

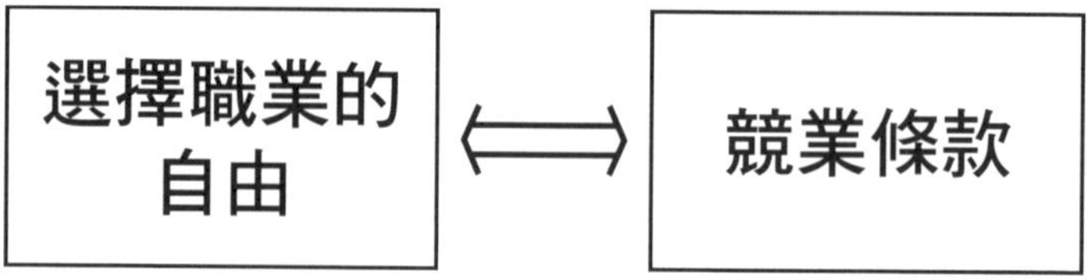

但是，企業也無法忍受離職員工洩漏在職時的開發資訊、業務機密或技術性知識。所以離職後的保密義務以及競業條款的問題，可說是拿捏前任和現任公司利益之間的平衡。

與競業條款相關的著名判例

為了方便說明，接下來提出一件著名的判例，「日本 Convention Service 事件」。

日本 Convention Service 是一間以企業國際會議為主要業務的公司。X 等人原本是這間公司的員工，但離職後，卻設立了操辦相同業務的新公司，於是日本 Convention Service 對 X 等人祭出懲戒性的解僱手段，在工作守則中設立了新規定，藉此不支付X等人遣散費。

最高法院對於本案件（最高法院二〇〇〇年六月十六日）的判決如下：

勞工具有選擇職業的自由，也能從事競業行為，因此當勞動契約終止時，不受競業條款的限制。

不過，當勞工與使用者的業務機密有關，使用者為了保護自己的營業機密，離職後，就必須對勞工課以遵守競業條款的義務，所以在工作守則設立這類款定也屬合理。

因此，禁止員工在離職後的某段期間內從事同類業務的規定應屬有效，但是此項規定的主旨與目的只限於必要且合理的範圍。

在判斷這項規定是否合理時，必須從員工與受保護的業務利益以及企業祕密有多少程度的相關性，也必須考慮競業條款的規定期間、地區以及對在職員工的代償措施。（節錄自最高法院二〇〇〇年六月十六日的判決書）

在這個案件之後，地方法院也在其他事件援引最高法院的判例，做出以下的判決：

企業員工與使用者之間鮮少簽訂離職後同意競業條款的契約，而且這項契約也通常未得到雙方完全的同意，而且有鑑於員工選擇職業的自由常受到限制這點，競業條款的範圍必須合理，同時得限縮在最小範圍，才屬有效。

〔中略〕

員工於其他業務使用就業所得的業務知識、經驗、技能，不得成為競業條款限制的對象。（節錄自東京地方法院二〇〇五年二月二十三日判決書）

只要沒有明確的規定，就不需背負沉重的保密義務

不需背負沉重的保密義務這點，除了對象是技術性資訊外，也包含顧客資訊這類業務資訊。其他判例也有相似的結果。

企業員工在離職後，選擇職業的自由應該受到保障，因此契約裡的保密義務範圍必須合理……（節錄自東京地方法院二〇〇八年十一月二十六日判決書）

這些都不是只站在企業立場的判決。

因此，即使跳槽到競爭對手的公司，只要沒有以不當的手段將營業資料、顧客名冊或新開發的產品設計圖帶出公司，也沒有明確的背信行為，就不用太擔心跳槽這件事，也不必因為跳槽至其他公司而賠償。

仍需留意的事項

在員工離職時，重新與員工簽訂保密條約的企業越來越多，當然，不是所有簽名蓋章的契約內容都可以成立。這點與前述的判決相同，只是，好不容易跳了槽，準備在新環境推動新業務時，卻因前公司的訴訟而一直跑法院，也會使得新的生活節奏大亂。

因此，請仔細閱讀切結書的內容，判斷是否會對今後的工作造成影響。若連這麼重要的細節都沒留意到，就不要輕易跳槽。

姑且不評價他的做法，但發明藍色ＬＥＤ的中村修仁，就拒絕簽署離職時要再簽署另一份保密義務切結書。

最糟的情況就是，以為公司不會發現就隨便簽名蓋章。請大家思考一下，你會在確認開發實驗資料時隨便簽名嗎？會在審視圖面時，略過內容不看就簽名嗎？

保密義務通常會載明今後你不可以從事哪些業務，所以請連標點符號都要細讀才能簽名，有時甚至得請法律專家審查，否則最後惹上麻煩的還是你自己。

Section 6

跳槽至韓國、中國時的技術外流、保密義務的問題

前往國外就業並非罪惡

這一節要大家思考的是，問題叢生的「跳槽至外國企業」。在日本，有一股將跳槽至韓國或台灣企業的技師視為「叛徒」的氣氛。不過，這種心態是錯誤的。

請大家放下褊狹的種族主義。技術是無國界的，單靠日本，是無法解決產業環境問題的，所以離開日本，進入國外企業也是非常理想的選擇。若已有點年紀，體力上的負

擔也要多加考慮。

但是，從事安全保障技術的工程師則比較不適合跳槽到國外。話說回來，這也只是一小撮人，只有特別職務的工程師才這樣。

如果退休後，前往可以發揮經驗、賞識自己的外國公司，其實也是有點勉強。若從年輕時就常到國外出差，熟悉當地文化與風土民情，會比較快適應，但如果都待在國內，偶爾才出國旅行，最好別勉強自己到國外公司上班，因為常聽到在當地弄壞身體而返回日本的例子。

跳槽至外國企業時的保密義務

資深工程師因為技術、經驗與知識都夠，可能會被外國企業挖角，此時必須遵守與前公司之間的保密義務。這點與跳槽至國內公司一樣，只是跳槽至國外公司時，還有一些需要注意的事。為保安全，除了論文與專利公開的資訊外，其餘部分都不該洩漏。

此外，在新公司面試時，不可以說：「因為保密義務，所以我什麼都不能說。」而是該說成：「基於不洩漏資訊的原則，請讓我就能說明的範圍盡量說明。」然後針對事前準備的內容說明。過去的職務經歷是必問的題目，所以絕對要事前準備答案。

厭惡員工跳槽到國外公司的日本企業，有時會以公平競爭法控訴違反保密義務的前員工，此時除了洩漏機密的前員工外，連明知是機密、卻還是意圖竊取的外部人士也會遭控訴。雖然最後都不會判重罪，但是跑法院是很消耗精神的，所以最好別惹上麻煩。

不過，我們這裡所說的企業機密，必須是外部無法得知的，因此必須嚴格規範「何為企業機密？」舉例來說，將數據資料或文件帶出公司當然違反保密義務，但是腦袋裡的知識或抽象的技巧，則不在此限。

無論是哪裡的企業，都會從這個智慧財產權或公平競爭的角度限制員工，有些熟悉這類判例的律師則會建議，「要避免智慧財產外洩，最好的方法就是讓員工不會想跳槽。」

當然，這不是指以報酬留住員工，而是能否創造出一個讓員工有機會發揮能力與興趣的工作環境。

之所以越來越多工程師跳槽至國外企業，是因為他們也漸漸了解向來重視個人能力的外國企業的考核制度。

有別於保密義務的職場倫理

對前上司或特定人物的中傷或批評，則與上述的保密問題不相干。不管內心多麼忿忿不平，也不該在新職場說三道四。所以我才說，跳槽的理由不該摻雜人際關係的問題。

因為參與學會或協會的活動，將來會和誰產生怎樣的人際關係，還是個未知數。所以就算身處不同公司，只要還在相同的產業，就有可能隸屬同一個學會，所以從你口中說出的話，會從哪裡流出去也是不可預測的。國外企業也不會信任一個在其他公司大肆批評別人與內部員工的人，這點在跳槽面試時也適用。

Section 7 女性工程師該注意的事情

工程學系也有越來越多女性工程師

過去曾流行過「男性腦」、「女性腦」這類名詞。很多大腦相關的學說是相當荒誕的，英國某大學利用ｆＭＲＩ針對六千名受試者測試後，發現大腦並沒有男性腦女性腦之分。男性大腦約占身體的百分之十，算是相當大的比例。

工程領域的女性之所以不多，全是因為成見，與能力毫無關係。我偶爾會遇到女性工程師，但不會因為對方是女性而覺得她的能力差人一等，只可惜大部分人不這麼想。

我長期擔任工程師檢定講座，偶爾會遇到一些女學員。結婚後的女性工程師，一邊工作，一邊準備工程師檢定，其中甚至有一些還要照顧小孩、做家事，她們的時間限制顯然比男性多，更重要的是，她們的成績大多都很優秀。

有些事雖然不是個人能決定的，但只要能力相等，不管是機械、電子或其他的工程領域，也有許多適合女性發揮的機會。如果只因為對方是女性而阻擾，那麼有問題的就是該公司或組織。雖然女性的確有可能因為通勤時間或勞動條件而受到影響，但是若該公司默許男性員工歧視女性，那麼就該立刻跳槽。

女性工程師跳槽時的注意事項

想要成為一名出色的女性工程師，最好進入認同女性工程師的公司，否則就很難實現。遺憾的是，現在還是有許多人沒來由地否認女性的能力。

老實說，雖然以「女性」稱呼「女性」，但我覺得單單以一個名詞就概括女性的敘述並不妥當，不過本書並非談論女性進入工程領域的書籍，還請大家見諒。

下列內容僅是個人經驗。雖然不一定適用於所有情況，不過我覺得女性工程師跳槽時，必須注意下列三點：

一、面試時，詢問對方技術部門的女性員工比例。一般來說，對方應該會願意透露。

二、詢問女性管理職的比例（人數）。如果面試官不清楚，這就嗅得出問題，而且面試官也可以先查一下再告知。

三、詢問育兒制度。

第三點如果問得不好，企業方可能會認為：「該不會是為了請育嬰假才來的吧？」、「該不會一進來就打算請育嬰假吧？」不過這是未來可能會需要的福利，任誰都會想問清楚。

因此，不妨以「若生了小孩，也想一直留在貴公司工作，不知道貴公司是否也有這樣的人呢？」的方式詢問，或是以「我會堅守崗位，成為女性員工楷模」的方式宣傳自己，效果也不錯，甚至可進一步提出想爭取女性管理職的意願。

雖然不能只求自己的利益，但是謀職的重要性如同尋找結婚對象一樣。雖然近來已有所改善，但女性求職時，還是比男性居於弱勢，所以三思而後行是絕對正確的事。

此外，如果是真心希望女性參與社會，希望男女擁有公平機會的公司，應該就會真誠地回答前述的問題。

重點不是男性或女性，能力、努力與成果才是最重要的

某位女性工程師在三十歲出頭的時候，按部就班地取得資訊相關的證照，例如MOT（技術經營證照）、網路專業證照、系統管理認證，其他還有三張證照左右，不過，她並非資訊工程師，而是電子零件工廠的生產管理主任。她雖然是位已婚、有小孩的女性，卻也是一位拚命三郎，很喜歡學習與電腦。

她在準備證照考試時，告訴我她之前因不懂電腦而被嘲笑。「若能早點學會，當時的工作就能更快、更輕鬆完成。」這個想法在她腦海裡不斷浮現。

由於部門的關係，她取得的證照無法為自己爭取津貼，考證照的費用似乎也讓她預算緊縮，但是她告訴我，「老公自動繳出零用錢，要她取得證照後再還他。」

當她的公司準備更換生產管理系統時，她所學的電腦相關知識立即可以派上用場，因此也得到了系統開發的角色。

一般來說，對生產管理一竅不通的電腦專家所開發的系統，通常很不順手，第一線的負責人也因此被迫使用很難用的系統。很多公司都有這個現象。

這位女性被指定與外包軟體工程師一起開發系統。雖然一開始對方不把她當一回事，但慢慢發現她的知識與能力後，她也成為主導會議的核心人物。

系統開發的工程也因此順利進展，完成日期比預期的還早，生產管理部門的成員也讚許這是一套很順手的系統。

我上面所說的，不是考取證照有多麼厲害，而是，這一切之所以能實現，最大的原因是這位女性很努力。和男性或女性無關，全是因為她的努力、知識與能力，才能締造如此成果。

Section 8

不是有證照就能獨立創業

證照不過是創業的敲門磚

一提到工程類的證照，大多數人會想到專利律師、技師、一級建築師、資訊策略師、系統稽核師這類證照，其中的專利律師與一級建築師屬於職業證照，所以多少有助於獨立創業。

話說回來，獨立創業後，年收入就全憑個人努力，所以說不定跑業務的經驗還比較有用。如果真的想結束上班族生活，走上獨立創業的道路，務必記得，光有證照是無法拿下案子的。

我不是說證照無用，而是希望大家對於創業要有心理準備。如果你覺得證照絕對不會背叛你，想要藉此成為獨立工程師，那麼最好將上述提及的國家考試證照當成起點。創業後，就會面臨長時間獨自一人作業，此時能振奮你的，通常就是手上的證照。

職業證照與專技證照的差異

職業證照是指必須具備法令規定的資格，才能從事該「職業」的證照。最具代表性的莫過於醫師執照。法律明文規定不具備醫師執照，就不可從事醫療行為，若是違法，就會根據醫師法處以罰則，所以職業證照的含金量非常高。

專業證照常讓人誤以為和職業證照是相同的證照，但其實兩者是不同的。兩者的差異在於受到法律限制的強弱。

讓我以簡單的例子說明。「河豚料理師」屬於職業證照。不管是因為工作，還是私底下料理河豚給其他人吃，只要沒有這張證照就形同違反法令。但專業證照如地政士則不同，只要不是業務行為，就不需要這張證照，換言之，沒透過業者，自行將建築物賣給親朋好友也不算違法。

工程師適合獨立創業嗎？

工程師的證照可依取得的難易度，而決定是否能獨立創業。二〇〇一年之後，專業技師的英文為「Professional Engineer」（PE），但是技師這個名詞甫問世之際的英文為「Consultant Engineer」，簡單來說，就是技術顧問。

無論是過去或現在，技術顧問都不是工程師獨占的業務，任何人都可以從事技術顧問這項工作。雖然可以打著「技術」的名號從事顧問的工作，但要成為技術顧問卻不需要任何證照。

一如開頭所述，證照不過是創業的敲門磚，簡單一點來說，就是與其赤手空拳作戰，拿把竹刀或木刀戰鬥可能會輕鬆一點。

日本技師協會目前正在發起將技師證照當成職業證照看待的運動。我覺得這沒什麼不好，然而，現在是連醫院都會倒閉的時代。根據二〇一四年的統計，日本的牙醫共有十萬三千九百七十二名，牙醫診所則有六萬八千五百九十二間。牙醫診所比便利商店還多，截至二〇一六年七月為止，便利商店共有五萬五千八百五十七間。每年有三十間左右的牙醫診所倒閉，而醫師年邁歇業的牙醫診所也近兩百間，所以現在早已不是憑一張職業證照就能吃一輩子的時代。

更何況技師證照，是專業證照之中最卑微的證照。只要參加過「技師創業」相關講座，就能明白為什麼。參加這類講座時，我都會遇到中小企業診斷師、公證人、代書、社會保險勞務師、稅務師、專利律師，卻從來沒遇過工程師，想必是因為這類專業證照和一般人無關吧。

光靠證照吃一輩子的時代結束了

容我重申一次，如果認為有了證照、尤其是技師證照就能開業，那就大錯特錯了，不過有備總是無患，若要以考試講師當作副業，更是不能沒有證照。雖然沒有技師證照也能擔任技師考試的講師（不算違法），但應該很難招攬到學員。

簡單來說，使用這類證照是需要技巧的。不論是技師證照還是其他證照，想要憑藉證照開業，就要有效地使用證照。這可說是獨立創業的其中一項常識。

以技師或資訊策略師這類證照作為創業的敲門磚之後，接下來的重點就是學習創業的知識，而且通常以跑業務的知識為主。

有時候會聽到某些人大言不慚地說：「討厭跑業務？就去拿證照啊！」但就今時今日的情況來看，輕視跑業務這件事絕對是不正確的。

請把跑業務這件事當成是宣傳自己的能力與用處的「傳教活動」。跑業務不是要你跪下來，硬要對方買下他不喜歡的東西。擁有客戶需要的技能與商品，並且善加展示，才是跑業務的本質。

Section 9

試著取得技師證照

工程師需要的證照

工程師需要的證照很多，例如處理危險物品的工廠就需要處理危險物品的證照，其他像是高處作業技術證照或低電壓用電證照。有些證照只要參加講座就能取得，這類講座大多屬於勞動安全衛生法的特別教育課程與講習。雖然有些講習內容很枯燥，但這是法律規定的事項，不得不參加。如果要推行業務，就一定得取得這類證照。

除了這些法律要求的證照外，也有以提升個人技術為目的的證照，例如MOS

（Microsoft Office Specialist）或電腦檢定相關的證照，也有英文檢定、TOEIC、工業英語檢定這類語言證照，也有工程師去報考簿記檢定，應該是為了得到會計相關知識吧。簿記知識雖然與公司經營沒有直接關係，但是在閱讀財務報表時，多少派得上用場。

如果打算取得這些證照，不妨有計畫地分階段報考。電腦與語言的證照則該趁年輕時取得，比較有效率。

相對地，絕對不要看到什麼證照都想報考。如果打算獨立創業，不該如此飢不擇食。若是工作所需的證照那就另當別論，但千萬別把所有領域考到的證照寫在個人簡歷裡，這樣會讓人看不出你到底是哪一領域的專家。如果是以某項專業謀生，最怕的就是別人看不出你的專業是什麼，這樣會很難接到工作。

不該寫在個人簡歷的證照

在擔任公司工廠負責人時，會遇到許多不具備法令規定資格就無法從事的作業，因此必須取得相關的證照，否則就會違反法令。但是，勞動安全衛生法規定的證照通常只要上個兩天左右的課，再考過三選一或四選一的考試就可以取得，及格率高於百分之九十以上。

若想創業成為專業技師或技術顧問，建議不要把這類證照寫在個人簡歷裡，除非有特殊需要。如果是要應徵這類證照的講師，當然就要寫出來，否則寫了也只會帶來負面效果。

資訊以及電腦相關的證照也一樣。有些人會把MOS或電腦相關的證照密密麻麻地寫在個人簡歷裡，但這樣只是浪費時間而已。能夠回答得了客戶的問題，才是最重要的。這不是故弄玄虛，也不是刻意謙虛，而是為了讓對方能更了解你的專業或能力範圍。以個人身份創業時，絕對不能把自己當作百貨公司；若你沒辦法成為專賣店，就無法生存下去。

成為技師的意義

日本的技師制度從一九五七年開始，模仿自美國的專業工程師制度，然而只模仿了制度，內容則大不相同。美國的專業工程師是各州的證照，而且屬於職業證照，也是成為獨立顧問所需的證照。獨立開業當然還要符合其他條件，所以不是百分百獨立。就這點而言，日本的醫師、律師或公認會計師也一樣。

日本的技師證照本來就不是獨立創業所需的證照。

二〇一六年，日本在籍的技師約有八萬六千人左右，其中的百分之七十九是上班族，百分之十三是公務員，獨立創業的人僅占百分之七。（作者註：技師的人數是以檢定制度開辦以來的註冊人數計算，其中當然也有已亡故的人。目前還在服務的人，大概只有一半多一點。）

有志創業的人本來就極為稀少。

話說回來，就算技師不是為了創業而考證照，也是為了考取「提升科學技術與促進國民經濟」的證照。

工程師的證照中，有很多是特別難考的，例如一級建築師、公害防止管理員、資訊策略師這類證照，所以也得出來，不是只有技師的證照難考。

有些人常常很愛說什麼「最強工程師證照」，但我覺得這種觀點是不正確的，把任何證照捧成所向無敵的說法根本毫無意義。

想成為技師，等於宣告「這輩子都要以工程師的身份活下去」，是為了站上起跑線，才註冊成為技師的，此後以你的專業知識並運用你的能力，為這世界帶來些許的貢獻。

因此，工廠所需的安全衛生證照和技師證照，在本質上是完全不同的。技師證照的本質含有倫理因素，不是因為法律規定，才成為技師，而是透過自己的判斷，以及為了對社會有所貢獻，才成為技師。

技師考試就是這種考試

一般會認為，技師證照很難考，但真正難考的原因，是沒辦法準備。這和稅務師、中小企業診斷師、專利律師的難度幾乎一樣，當然，難考的指的是非筆試的部分。

如果不知道該從何處開始準備，不妨花點錢參加檢定講座。早點取得證照，早點靠它增加收入，很快就能回本。自學當然也能取得證照，但老實說，通常很難持續下去。

技師考試的相關講座多到讓人難以選擇，不善於維持自學動力的人，不妨選擇較實戰的講座。

值得推薦的講座之一，是在東京、大阪、名古屋都有舉辦的新技術開發中心講座。這個中心也有出版部門，教科書的品質與其他講座截然不同。

因為這觀念很重要，我再重述：成為技師不是工程師的終點。有人會誤以為如此，其實技師只是工程師的起點，如果工作年資已符合考試資格，可以參加考試看看，屆時一定會知道，其實沒有傳聞中的那麼難考。

最後，為了避免誤解，我要做點補充。要以工程師的身份生活，就應該取得技師證照，而要取得證照就必須有這樣的覺悟：取得技師證照不是工程師的終點，而是起點，同時也是一種自我成長的策略。

第五章

一流工程師看待技術的高度

其實世事並無好壞，全看你們怎樣去想。

莎士比亞《哈姆雷特》第二幕第二場

Section 1

這時代工程師該學的MOT（技術經營）

經營與技術開發已無法分割

科技已高度發展，思考問題的方式也變得更複雜，單純的解決方案不再管用，而且，這是不可逆的趨勢。處理資料的方法也早已無法只憑直覺或膽識判斷。現在已不是經營者只懂經營、技師只講技術的時代。

下面我們以世界知名的大企業經營者為例，說明這一點（以二〇一六年十二月具代表性的執行長或董事長為人選）。

一、微軟：執行長

薩蒂亞納德拉：電子工程畢業

二、蘋果電腦：執行長

提姆庫克：取得產業工程學學位後，在杜克大學取得工商管理碩士學位。

三、Google：執行長

賴利佩吉：電腦科學

四、Google：Google 共同經營者

謝爾蓋布林：電腦科學

五、思科系統：執行長

約翰錢伯斯：工商管理碩士

上述名人全都是工程師，微軟的名人還有創辦人比爾蓋茲，他當然也是工程師。

一般認為，日本的經營者以文組居多，但上市的三千六百家企業中，將近九百九十家是由理組擔任高層，尤以電子類企業。廣義而言，美國的蘋果或思科系統也算電子業。

MOT（技術經營）到底是什麼？

簡單來說，MOT（技術經營）就是將製造業在製造過程累積的知識與概念，用經營學的方式轉化成完整的體系，換句話說，就是為以技術進行生產的組織所設計的經營學。

狹義的「MOT」屬於MBA（企業管理碩士）的一部分，起源可回溯至一九五〇年代，而全美知名大學則是從一九八〇年代開始採用MOT的課程，最有名的就是MIT的斯隆管理學院，其MBA採用了MOT課程。

日本目前仍將MBA與MOT相提並論。本書不打算講解兩者在學問上的差異，也不打算說明歷史沿革，否則會寫成另一本書。在此僅以MOT的翻譯「技術經營」來說明。

技術經營具有兩種意義。

第一個意義，是以技術為根本的經營。這一章主要就是說明這個部分。

第二個意義則是管理「技術開發」的流程。

目前而言，第二個意義已逐漸式微，可使用的範圍也越來越限縮。換句話說，就是「技術」的管理方法。

因此，為了更廣泛說明現況，我會將焦點放在第一個意義。因為本書的目標讀者多為年輕、新嶄露頭角的工程師，即使他們不打算和經營沾上邊，年輕時若能以MOT的概念推動業務，也是可以的，而且有利於未來發展。

再重申一次，「技術經營」並非經營的技術與知識。技術經營屬於經營工程與經營學的範疇，是活用技術的經營，也是二十一世紀技術社會所需的知識。

東京理科大學的伊丹教授曾說：「將自家的技術視為管理的核心，再進一步討論經營策略，然後實踐該策略。」用這句話解釋技術經營恰恰好。

國內外各大學、研究機構都針對技術經營進行不同的研究，也出版了相關著作，但目前（二〇一六年十二月）仍未出現體系化的「技術經營論」。

進入高度發展的科技社會後，我們必須對自己想要應用的技術之特點、優缺點有基本的認識，才能決定經營的方針，也才能預測這項技術會對市場帶來多少衝擊。

這也是為什麼「技術經營」從研究工廠內部的生產管理，到公司的事業策略、公共政策，都會發揮一定的功效，也會獲得青睞的原因。

技術經營是為了突破三道關卡誕生

要透過技術推動企業發展，就必須洞悉作為根基的科技動向，也必須了解社會與使用者的需求，此外，還得掌握競爭企業與自家技術水平的差異。

另一方面，自家技術對社會或環境造成哪些影響（連同不良影響）？該如何處理智慧財產？這些問題都必須綜觀上述元素，再採取具體的處置。

「技術經營」的任務就是，透析如此廣泛且具連鎖反應的狀態。

購買資源、原料、能源（輸入），再利用自家技術轉換成對社會有貢獻的產品，最

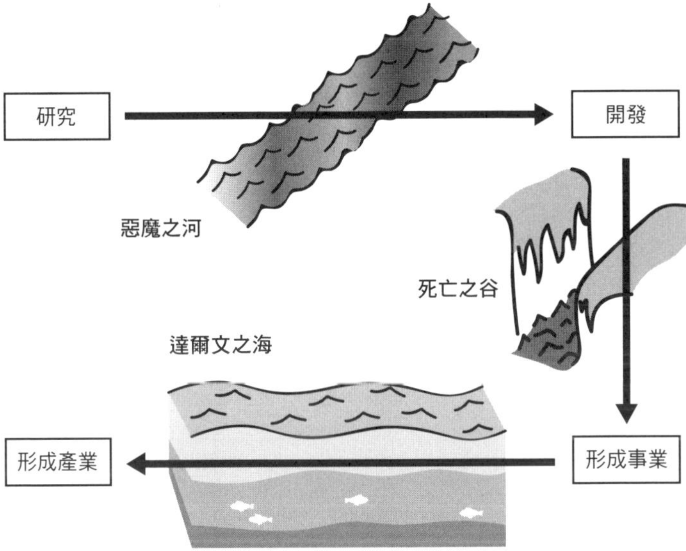

後推出（輸出）產品。上述可謂是製造商平日的工作內容，而技術經營就是將如此單純內容的效率推到極致，藉此促進企業成長。

希望大家記得在MOT書籍裡一定會出現的三個名詞：「惡魔之河」、「死亡之谷」、「達爾文之海」

就是這三個名詞。雖然只是比喻，卻言簡意賅。

「**惡魔之河**」：形容基礎研究遲遲找不到方向，宛如隨波逐流的感覺。

「**死亡之谷**」：形容橫亙於研究

開發與產品開發之間的深谷。研究開發誕生的新技術無法成為產品，未能公諸於世就束之高閣。

「**達爾文之海**」：形容跨越「死亡之谷」，成為公開的產品後，仍得周旋在諸多外敵間，就像生存於競爭激烈的海裡。

賣出商品後，就得在市場競爭中勝出，不對，不能只是勝出，是得持續獲勝到底，所以必須與行銷、販售這類業務活動同心協力，追求不斷創新，否則或早或晚，會在達爾文之海被外敵吞噬。

ＭＯＴ可擬定出越過這三道屏障的戰略，至於如何在這三個舞台戰鬥，則該在開發階段時就先討論。

Section 2

年輕工程師該學MOT的理由

技術也有賞味期限

想要闖過「惡魔之河」、「死亡之谷」、「達爾文之海」，可擬定以技術為核心的經營戰略，這就是MOT的功能。

在二十一世紀的今天，只憑性能或品質的產品是無法在先進國家暢銷的。若少了趣味、用起來不順手舒適，缺少這些主觀感受，產品是賣不出去的。

第一章提過，瑞士的鐘錶業曾因無法拋棄對機械錶的執著，而輸給日本的石英錶。

但在五十年後的今日，換成是日本的鐘錶業嘗到了苦頭，雙方的運勢完全逆轉。

這次是日本鐘錶製造商陷入「手錶就是告知時間的機器」這種執著，不斷挑戰誤差更少、耗能更低、重量更輕的錶款。稍高級的日本錶，直徑四至五公分，厚度不到一公分，有些還是太陽能電源且可以接收電波校正秒差，甚至還具備潛水功能，價格也只有數萬日圓。

我曾有幸受邀參觀日本的鐘錶製造工廠。廠內生產線隨處充滿了創意與用心。為了維持手錶的精準度，還特別安置了一台加工零件的機器，並在這台機器上進行最後的調整與檢查（這台機器至今還在使用，不便太詳盡說明）。

當時瑞士鐘錶還沒復活，所以日本鐘錶製造商才會認定「是這份努力打敗了堅持傳統的瑞士鐘錶」。不過，當市場出現能仿製日本多功能電路的零件之後，日本就不再具有任何優勢了。中國、韓國、東南亞都有更便宜的人工，很快就追上日本的鐘錶業。簡言之，這種功能電路零件是賞味期限很短的技術。

瑞士鐘錶製造商以不同的角度看待鐘錶

遭受日本企業重擊的瑞士鐘錶製造商，不從正面迎擊，而是改由後方突襲。比方說，他們推出能看到零件運作的機械錶，儘管這種設計沒有實質的功用，卻充滿了趣味，讓手錶成為高級飾品。華麗的設計與高難度的工藝也成為賣點。其實這種通透的手錶不易閱讀時間，日本錶廠一定不會做出這樣的錶款。之後，瑞士鐘錶業也在低價手錶加入這類趣味的設計，並因其獨特的設計趕上日本鐘錶，而且這種設計無法制式量產，也無法以低廉的人工取勝，賞味期也較長。

美國的漢米爾頓鐘錶，雖是較晚投入的錶商，卻不以功能為賣點，單憑設計就能提升業績。

這種現象也適用於下列提到的各種產品。以汽車為例，有人認為車子能開就好，有人卻將車子視為身份與地位的象徵。如果想囊括這兩種族群，反而會生產出兩邊不討好的車子，那麼公司就會面臨結束營業的困境。

可以協助你在開發產品之前，先擬訂經營戰略的思維，就是MOT。希望透過上述的例子讓大家了解，MOT不只是經營者該具有的思維，也是新進工程師可以學習的知識。

出現邊緣化現象的理由

在日本，大家會以「加拉巴哥群島化」這個詞來形容被邊緣化的事物。由於這個詞很重要，在此略做說明。

加拉巴哥群島化是二〇〇五年誕生的日本商業用語，用來比喻在南太平洋加拉巴哥群島發現的特有生態。

加拉巴哥群島是一群孤懸海外的島嶼，日本的情況也很類似加拉巴哥群島。當日本的環境越來越「舒適」，就會失去與外界交流的彈性和衝擊，進而被孤立；而且一旦從外部（外國）引進競爭性較高的產品或技術，就會面臨被淘汰的危機。所以「加拉巴哥群島化」是個非常值得深思的詞彙。

因為太多工程師過於專注在技術上面了，如果不了解這個字眼的意思，就不該草率使用，若真的徹底了解它的意思，並有所警惕，或許還可偶爾一用。

時鐘、家電、手機，或是其他產品，一味追求高性能的日本工程師完全不理會使用者的需求，一頭栽進規格競賽的漩渦，結果就是日本被邊緣化。

日本有很多開發高性能產品的工程師以及生產線，因此在一股腦追求技術之下，反而過度在意那群喜歡高性能產品的使用者的喜好。

高性能、高單價的產品也搔動生產者的自尊。無論是規格或性能，一旦陷入迷思，視野就會變得狹隘。

日本從明治時代的文明開化後，不斷吸收來自歐洲的優異技術，一心只想趕上歐洲。在那個時代，吸收外來技術已然足夠，且多虧前人的努力，才有現在的日本。但在追趕的對象消失後，我們卻還忘不了那時代追求技術的心態。如果無法將過去的成功經驗當成教訓，那還不如早點把它們忘掉。

若不持續創新，任何技術終究會成為過去。有些技術的賞味期限較長，有的則短。

在一九六〇年代到八〇年代之間，日本的相機與音響製造商的確以賞味期限較短的技術，展開一場場華麗的戰鬥，造就了現在的日本。

思考技術的應用之道

MOT之所以如此必要，最大的原因在於確定技術的應用之道，因此必須了解自家技術的賞味期限，也得探測其他公司或國家的技術發展動向。這並非試圖盜取他人技術，而是確認哪些技術得以滿足使用者的需求。

確認技術的發展動向趨勢後，就可以好好思考自家的技術如何幫助公司成長。

至於如何擬定公司成長策略，這倒是沒有萬靈丹的。雖然也有協助制定策略的工具，但不見得有效，或許最多只能協助你起個頭。（也有人認為這樣就夠了）

既然是自家公司的策略，就必須謹慎思考。事實上，思考策略這種事不只是經營者的工作，年輕工程師在推動小型專案時，也應該思考自己位於經營策略的哪個位置，理解自己扮演何種角色。如果眼中只有技術，完全不考慮MOT，這樣是不會成長的。

即使只是不起眼的小技術開發，若能同時思考技術的應用之道，你的見識一定會茁壯與擴展。

Section 3

工程師對行銷的誤解

重新思考行銷的角色

有些工程師對行銷反感，嘴裡雖然不說，卻認定「只要提供便宜大碗的商品，就一定賣得出去。」他們認為行銷只是糊弄人的字眼。的確，價廉物美的商品可以賣得出去，但問題是，消費者該從何得知商品的存在呢？

有個比喻是這樣的。東京澀谷車站的全向十字路口切換成綠燈後，所有行人會一起穿越馬路，如果是假日的下午，經過這十字路口的人更是不計其數。

到底在這個時間裡，有多少人穿過這個十字路口呢？

行銷就是要從這樣的一群人潮中，找出答案。

澀谷車站十字路口中央部分，邊長大約三十公尺（九百平方公尺），推算一下，人潮洶湧時，每平方公尺大約會有幾個人在裡面？目測的話，每平方公尺大約介於一至兩個人，所以總人數應該介於一千二百人到一千六百人之間。若是沒有任何活動的星期日下午三點，大至上就是這個數字，如果是節日，則應該超過這個人數。

所謂行銷，就是想辦法讓站在上面俯視人群的人看到你，絕不是花言巧語哄人亂消費的話術。

消費者決定購買商品的範例

大家知道簡稱ＡＳＵＳ的「ASUSTek」的這家台灣企業嗎？一九八〇年後後期，非常流行自組電腦，對自組電腦發燒友而言，ＡＳＵＳ就是知名的主機板製造商。

ＡＳＵＳ創立於一九八九年，在日本開始流行ＤＯＳ／Ｖ相容機的時期，這家公司就出口主機板到日本和美國。現在，ＡＳＵＳ主打的不再是主機板製造商，他們更為人所知的產品是筆記型電腦或平板電腦。

ＡＳＵＳ在二〇〇八年開始銷售「NetBook」這種低價小型筆記型電腦，並在四年後，創造電腦出貨量達到世界第五的地位，值得一提的是，這段期間全世界的電腦出貨量都是下滑的，因此ＡＳＵＳ可說是一枝獨秀。

造就這一切的，是電子產品特有的行銷手法。消費者想要購買電腦、智慧型手機或平板電腦時，會透過網路收集產品資訊。許多消費者會在網路撰寫產品評論以及使用經驗。

只要在網路上搜尋一段時間，消費者就會對這些產品有一定的知識，也有一定程度的評價標準。ＡＳＵＳ就是從這裡找到贏得勝利的機會。

反觀日本製造商則把主力消費族群設定為小孩和老年人，為了讓他們可以快速學會電腦，事先在電腦安裝了軟體，買回家就能立刻使用。這麼做雖然也很重要，然而，這群消費者不會上網路參考其他人的評價，而是在量販店的店員建議下購買，同樣地，他們當然也不會上網路寫任何評論分享。

換言之，把電腦當作電腦購買的人，會先在網路上搜尋相關評論，得知ASUS的評價很高後購買；而日本的消費者則是聽了量販店店員（主要是製造商的駐點員工）的建議購買。

一邊是賣給全世界，一邊只是賣給日本國內消費者，勝負已然分曉。

Section 4

了解經營者與技術的立場差異

「脫掉工程師的帽子！」這句話教我的事情

挑戰者號太空梭爆炸事故，在工程界是非常重要的事件之一。莫頓塞奧科公司（以下簡稱MT公司）資深工程師羅傑．博伊斯，將事故發生的經過，清楚寫在筆記本裡。在事故發生前一天，NASA與MT公司進行了一場討論激烈的視訊會議。

為了讓大家明白過程，在此簡單說明緣由。NASA希望挑戰者號如表定計畫發射，但MT公司的博伊斯則強烈警告，阻絕燃料外洩的密封環無法正常發揮功能，假設在隔天的氣溫下升空，會發生燃料外洩的危險，堅決反對如期發射。

太空梭的發射必須得到所有協力廠商（一包的廠商）的同意和簽署，即使是NASA也無法說發射就發射。

MT公司因未能提出低溫與燃料外洩具有強烈連結性的資料，加上公司高層也擔心來自NASA的案子會減少，就放棄說服NASA，不再堅持中止發射。

如果火箭當時平安升空，就沒有後續的問題，不幸的是，太空梭在發射七十二秒後，就因為液體燃料外洩著火，在空中爆炸解體。這艘太空梭的女性成員之一是高中老師克麗斯塔．麥考利夫，她原本要在外太空為學生上課的。

這件意外備受媒體關注，至今仍可在YouTube看到從發射到爆炸的過程，這也是工程倫理上的一大事故。

根據紀錄，在預定發射的前一天傍晚，佛羅里達州甘迺迪太空中心和馬歇爾航太飛行中心，透過電話熱線與MT公司進行遠端會議。對NASA來說，這是一場無論如何都要讓MT公司同意發射的會議。

討論從密封圈可能失靈開始，根據博伊斯等人提出的資料，NASA與MT公司彼此交換意見，然而，博伊斯的資料只有前幾次密封圈受到氣溫影響的紀錄。

就飛行任務而言，這樣的資料無法判斷氣溫是否絕對會影響密封圈的密封性。簡單來說，博伊斯等人只是從發生問題的事例中收集了資料而已。

為此，MT公司提出要求，希望NASA給予評估資料的時間，會議也預計中斷五分鐘。

結果這場遠端會議卻足足中斷了三十分鐘之久，遠遠超過預期的時間。博伊斯與湯姆森再次說明自己的憂慮，堅決反對太空梭發射。

不過，代表NASA出席的喬治．哈迪與萊利．姆羅伊也是全美知名的工程師，他們赤裸裸地表達對MT公司的不滿，MT公司也因為自己分析的資料不足而信心動搖。

最後，雙方因技術上的討論毫無進展，始終站在平行線兩側，MT公司的高級副總裁梅森在同席的其他三位經營幹部（威金斯、奇爾明斯斯塔、蘭德）面前怒喊：「難道只有我希望太空梭發射嗎？」而且還要求這三位經營幹部做出「符合經營邏輯的判斷」。結果，威金斯與奇爾明斯斯塔也因為梅森的態度轉而贊成發射。

而向來尊重工程師、也反對發射的技術副總裁蘭德，也被梅森斥責：「脫掉工程師的帽子，換上經營者的帽子！」

蘭德最終不得不站在贊成的一方，形成了經營幹部有四票贊成、〇票反對發射局面，這意味著ＭＴ公司同意發射。

ＭＴ公司的工程師博伊斯雖然在這場意外後頗受好評，但他終究無法說服ＮＡＳＡ，更無法說服自己的上司與公司的高層，所以未能阻止火箭發射。大家一定認為領薪水的工程師很難說服公司總裁，但他真的盡全力了嗎？

博伊斯在事故發生一年前的一月二十四日，即開始調查發射的潛藏危機。從那時開始，ＭＴ公司就組成專案小組進行檢討，到了七月，公司幹部得到書面調查結果，其中載明電場接頭可能造成的危險。

但紀錄僅止於此。直到最後階段，也就是預定發射的前一天，博伊斯才奉命「收集辦公室裡所有的資料」，參加ＮＡＳＡ的視訊會議（博伊斯本人的說法）。

明明在最後階段了，為什麼整間辦公室還塞滿了一堆資料？簡單來說，就是資料尚未整彙，博伊斯也沒思考該怎麼說服權力與地位都比自己高的ＮＡＳＡ專家。或許你覺得我太嚴格了，但光這點我就無法給予博伊斯好評。若真的想在最後階段說服ＮＡＳ

A，就應該堅持「一定要把這件事告訴曝露在危險中的太空人」的想法，因為單憑技術性的、科學性的說法，是無法說服NASA的。

博伊斯當時才三十多歲，NASA的專家當然不可能聽從年輕工程師的意見。不過，若能訴諸情感，提出「至少該讓太空人知情，讓他們有選擇的權利」的意見，或許就能阻止火箭發射。

工程倫理還是經營倫理？

捏造竄改資料、隱蔽不當資訊、放任有害物質外洩，這些震驚社會的新聞常常發生。經營者最後就是在鏡頭前深深鞠躬道歉。總之，這時候就是該低頭鞠躬，全面表達反省之意，要是不小心說錯話了，就會被斷章取義，事件也會越演越烈。

挑戰者號的事故也是因為後續組成事故調查委員會，做了詳盡的報告，普羅大眾的我們才能得知一切，否則MT公司技術副總裁蘭德被梅森叱責「脫掉工程師的帽子，換上經營者的帽子！」這種事怎麼可能公諸於世。

在組織或公司裡，經營者的想法通常比工程師的優先，若經營者沒有所謂的倫理道德時，工程師再怎麼努力也無濟於事。如果是這樣的話，就別再說什麼工程倫理了，應該致力於導正經營倫理，而工程師這邊則持續朝著理想努力前進。

Section 5

工程師的溝通能力可以撥亂反正

工程師必須懂得與專家以外的人溝通

挑戰者號絕對是場不幸的意外。會造成這場事故，想必與NASA的體制、當時的政治壓力都有關係。

在日本，應該也有不少人發現，自從JR福知山線事故發生後，電車只要稍有狀況就會立刻停駛，也不會試圖追上誤點的時間。雖然按照表定時間行駛才是高品質的服務，不過大眾已經意識到，交通系統應該以安全為優先。這絕對是好事，因為嚴重的事故絕對會對組織造成經營危機。

為了避免這類事件發生，工程師平常就要培養對專家以外的民眾說明技術的能力，否則一旦發生事故，就無法在緊急狀況下把事情向民眾說清楚。

下面，我們要介紹的即是透過溝通能力，順利解決事件的例子。

與東京 Sunshine 六〇等高的大樓發生崩塌危機

距離東京豐島區池袋站徒步十分鐘的地方，有一座一九七八年竣工的「Sunshine 六〇」。數十年前這裡被稱為「巢鴨監獄」，是在遠東國際軍事法庭上被判為戰犯的東條英機等人處以絞刑之地。也因為這個緣故，在大樓附近不顯眼的東池袋中央公園內，立有一座祈求和平的慰靈碑。

這棟大樓高達二百二十六．三公尺，完工時是東亞最高的建築物。

與這棟大樓幾乎同高的是早一年在紐約第三大道完工的花旗集團大樓。

這棟建築有兩大特徵，一是三角形的屋頂，其次是撐起整棟建築的四根大柱。接下來依序為大家說明這兩個特徵。

這棟建築的土地原本歸知名教會所有，該教會的教堂則坐落在這塊土地的角落，而非中心位置。花旗集團以教堂在原址重建為條件，希望換得這塊土地的地上權。

因為教堂在土地的角落，蓋大樓時必須空出角落的空間，所以大樓的四根柱子也不是立在建築物的四個角落，而是分別在四面牆的正中央。這些有別一般的柱子高達九層樓，整座建築物也高達五十九樓。

此外，為了減輕建築整體重量，特別使用鋼筋打造樑柱，建築物也設計成可隨風搖晃的構造。後來為了抵銷風力造成的搖晃，在三角形的屋頂內加設了四百噸的電動諧調質量阻尼器。

電動諧調質量阻尼器是現代建築常見的裝置，但在當時，卻是全球第一個。這是距今大約四十年前的事。

設計花旗集團大樓的是威廉・勒梅薩山里爾。當時的他雖然只有三十多歲，卻有豐富的摩天大樓建造經驗，也是備受注目的年輕架構設計建築師。他常以創新的設計，完美克服環境的限制，打造理想的建築物。

某學生的提問成為救命線索

一九七八年五月，結束花旗集團大樓的工程後，正著手建造其他建築的勒梅薩山里爾，也準備採用斜撐補強工法。

當勒梅薩山里爾告訴施工業者要使用斜撐補強工法時，業者卻回應，這種工法需要使用穿孔熔接，很耗工耗時，希望改成螺栓接合的方式。

這時，勒梅薩山里爾想回顧花旗集團大樓建造時針對這點有過哪些討論，所以重新請教當時的施工業者，才赫然發現，當時的業者沒有依照勒梅薩山里爾的指示採用穿孔熔接，而是便宜行事，採用螺栓接合。

隔了一個月，一九七八年的六月，勒梅薩山里爾接到一通工程學系學生的電話，詢問有關大樓支柱的問題。由於學生對柱子的設計有誤解，所以勒梅薩山里爾重新說明了支柱的位置與花旗集團大樓的特徵。當時勒梅薩山里爾才知道，原來這座花旗集團大樓是大學結構課程中非常受學生歡迎的例子。

當年的紐約建築條例僅要求建築師考慮來自垂直於建物的風力，所以勒梅薩山里爾也沒把斜向風力對花旗集團大樓造成的影響計算進來。

可是計算斜向風力造成的影響後，結果讓勒梅薩山里爾大吃一驚。因為斜向風力會在主要結構建材上加諸百分之四十以上的應力，接合部分的應力則會增加到百分之一百六十。

簡單來說，這座大樓有可能被強風吹倒。於是他急忙向在設計階段就擔任顧問的西安大略大學亞倫．丹溫普特教授索取風洞實驗資料，重新測試採用螺栓接合後，對花旗集團大樓造成的影響。

實驗結果發現，若採用現況的螺栓接合，機率為每十六年吹襲紐約一次的颶風強度，就有可能會把大樓吹倒。這時是一九七八年七月底。

請大家想像一下，如果池袋的 Sunshine 六〇被颱風吹倒會發生什麼樣的災難。

勒梅薩山里爾在事後的採訪笑著說：「當時我甚至想過要自殺。」當然，他沒有自殺，而是在颶風來襲之前的兩個月之內，思考搶救建築免於傾倒的補救方案。

當時他發現，全世界知道這棟建築物可能會被颶風吹倒的，只有他自己。這是身為工程師都可能面臨的情形。工程師可運用自己的專業知識，找出只有自己知道的危機。在這件事上，勒梅薩山里爾正是如此。

傳遞資訊與尋求協助都要說服別人

勒梅薩山里爾得知風洞實驗結果後，為了解決這個問題，立即採取下列行動。

七月三十一日：與花旗集團大樓結構顧問、聘雇所屬建築公司的顧問律師、保險公司聯絡，尋求他們的協助。

八月一日：與保險公司的律師開會。決定聘用結構工程師羅博特森為特別顧問。勒梅薩山里爾的經營夥伴約了花旗集團的副總裁李德，向李德說明狀況。

八月二日：透過李德的介紹，與花旗集團的最高負責人瑞斯頓會面。瑞斯頓立刻同意協助大樓修繕事宜，也立即自行聯絡大樓的租借單位。

八月三日：和包攬強化工程的工程師取得修繕共識。

勒梅薩山里爾就在這短短的時間內，取得所有人的共識，一面讓建築的外行人了解事態的嚴重性，一面設法搶救危機。

前一節提到MT公司的工程師博伊斯，是無法和建築事務所的經營者勒梅薩山里爾相提並論的。

不過，明明有一年的時間可以說服頂頭上司的博伊斯，和四天內就取得花旗集團最高負責人同意的勒梅薩山里爾，兩者的手法有著天壤地別的差異。

我認為最顯著的差異就在於「清楚說明事態」的能力。如果專家只會說專家聽得懂的內容，這樣只能得到少部分人的理解，也很難繼續討論。尤其在花旗集團的事件更是如此。

雖然勒梅薩山里爾採取的行動是在倫理層面獲得好評，但他有更多值得讚賞之處，例如傳遞資訊的能力與尋求協助的說服力，正是他防止花旗集團大樓傾倒的力量。

用事前的對策和優異的技術對應

讓我們繼續這則故事。

在強化工程施作同時，勒梅薩山里爾也預先擬定對策，以防萬一。他認為颶風入侵會造成停電，而用來緩和大樓搖晃的「電動諧調質量阻尼器」需要電力控制，一旦停電，這項裝置就沒辦法運作，無法抵抗風力造成的搖晃。所以他增設了應付停電的輔助電源。

接著他聘雇了兩位氣象專家，隨時監控大西洋的颶風生成狀況。當然也為了能陸續收到颶風資訊而做了萬全準備。

更驚人的是，除了上述事項，他甚至還擬定了大樓半徑十街區內的居民緊急避難計畫，也向紐約市當局說明狀況。

另一方面，為了不讓即刻啟動的強化工程造成不必要的混亂以及租戶困擾，工程全在夜間進行。在強化結構時，也計算和加強其他脆弱部位的結構。

就在進行作業時，九月一日，颶風形成，所有相關人士予以高度警戒，所幸颶風沒有踏上紐約的陸地，而是轉往海面。

這真是天助自助者。強化工程順利在颶風頻繁的九月中旬結束，避難措施也得以解除。到了十月，強化工程順利完工，花旗集團大樓也搖身一變，成為七百年一遇的超大型颶風也吹不倒的大樓。

行動獲得好評，保險金額得以調降

強化工程接近完工的九月中旬，花旗集團與勒梅薩山里爾開始討論維修費用的問題。雖然無法確知強化和其他工程的金額，有人認為超過八百萬美元，另一些人則認為大概是四百萬美元，不管誰正確，勒梅薩山里爾能給付的只有來自產物保險的二百萬美元。

不過，花旗集團接受這樣的金額，其餘不足的部分，全數由花旗集團負責，而且與保險公司商討金額時，勒梅薩山里爾原以為保險金額勢必拉高，沒想到因他洞察傾倒危機，並予以補救，大獲好評。就保險公司的角度來看，這等於是事先預防了保險史上最嚴重的損失。

容我重申一次，勒梅薩山里爾的行動非常符合工程倫理，同時他也是一流的工程師，因為有許多因素會干擾強化工程，而他卻能在颶風來襲之前，讓一切工程順利結束，而且最值得讚賞的，還是他的說服力。

這是身為工程專家，卻能說服其他領域專家的技巧，這也是勒梅薩山里爾真正能避免大樓倒塌的能力，也是MT公司工程師博伊斯所缺乏的能力。專家必須重視與其他人的溝通，也必須與普羅大眾接觸。

Section 6

何謂CTO（技術長）

CTO的職務範圍非常廣泛

網路字典「KOTO Bank」對CTO（技術長：Chief technical officer或Chief technology officer）一詞的解釋如下：

擬定與實施自家公司技術策略或研究開發方針的負責人，屬於高階主管職位，在製造業與資訊業這類以技術為核心競爭力的企業裡，CTO與CEO

（執行長）、CFO（財務長）的地位相當，扮演極為重要的角色。不同公司對於CTO扮演的角色有不同的定義，通常是技術部門與研究開發部門的部門長。不過，高階主管本來就不屬於生產線的「經營者」，而從美國的MOT（技術經營）的角度來看，CTO被定位為實際經營者與最高負責人。

我認為這個解釋恰如其分。

若以技術為公司或企業成長的核心，就必須要有了解公司外部與內部技術的人站在經營陣營裡。

我也從事顧問工作，偶爾會聽到企業家自己竟然不了解自家技術，讓我非常吃驚。當然，中小企業不一定有CTO，有的則由總裁或董事兼任，這樣也可以，只要熟悉相關業務就無妨。

以自家技術培育豐沛的經營資源，再將這些資源投入經營策略中，或以自家技術為武器，思考企業未來的方向，這就是CTO的任務。若不是經營者兼任CTO的情況下，CTO就必須站在輔佐經營者的立場。

在一九五〇到七〇年代，美國企業都有負責開發技術的中央研究所，日本在泡沫經濟瓦解前的一九九〇年代也有類似的機構。研究所的員工能免於日常雜務與商業考量的干擾，專心研究技術。

只可惜許多研究所都未能如願拿出成果，也因此廢所。現在較常見的做法是廢除研究所，直接出資請大學協助研究。

決定與哪間大學、哪位教授合作，也是CTO的任務，因為這是一項不了解技術趨勢就無法做出判斷和決定的工作。

不再重演挑戰者號的悲劇

一如前述，MT公司的經營者不顧自家工程師的警告，忽略技術性問題，只以發包廠商NASA的意見為重，這點確實不妥；然而提出警告的工程師博伊斯，在做法上也有所缺失。此外，這家公司也有懂技術的高層，但是一被叱責「脫掉工程師的帽子」，

就順從地回答「遵命」，這種態度也是有問題的。

ＭＴ公司的幹部還沒證實發射的安全性，此外又輕易吞下ＮＡＳＡ的要求。事後的意外調查發現，ＮＡＳＡ幹部經常為了如期發射火箭，而忽略安全規定。

如果當初有熟悉工程技術的高層參與博伊斯等人進行實驗，或許就會有不同的結果。

除了太空梭事件外，汽車製造商竄改數據、建設公司偽造大樓基礎工程資料等新聞，一年總要鬧上幾次新聞版面。公司想要成長，平常就該思考各種可能的危機，以及意外發生時的因應之道，並給予實際的訓練。這類訓練與付諸實行也是CTO的任務。

可以說，如果企業的核心是技術經營，則應該要有熟悉技術的人員加入經營團隊。CTO的角色在日後一定會越來越重要，否則企業無法安然度過達爾文之海。

第六章

拋棄過去的知識！工程師必須思考的事

可是微賤往往是初期野心的階梯，憑藉著它一步步爬上了高處；當他一旦登上了最高一階，他便不再回顧那梯子，他的眼光仰望著雲霄……

莎士比亞《朱利阿斯凱撒》第二幕第一場

Section 1

工程師被迫思考的那件事

值得參考的N射線事件

隨著「資訊爆發」，網路搜尋功能也跟著出現了，甚至還有了「無論什麼研究都要追根究柢」的網站，就像在玩偵探遊戲，曾經指出多篇論文的不當之處。有些論文雖然鬧上版面，但其實研究內容沒什麼問題。

近年來，科學界最轟動的造假事件，莫過於「STAP細胞」事件。

山中教授於二〇一二年剛以 iPS 細胞研究榮獲諾貝爾獎時，生化科學研究界都因此為之情緒沸騰。就在全世界翹首期待下個新發現時，一位年輕女性研究員發表了顛覆常識的新發現，報紙與電視媒體因此大作文章。（編按：二〇一四年，日本理化學研究所研究員小保方晴子和研究團隊發表的「萬能細胞」（即STAP細胞）是造假醜聞）

其實早在一百年前，就曾發生類似STAP細胞的事件。若當時能先了解一百年前的騷動，或許就能作為這次事件的借鏡。

布隆德洛（一八四九～一九三〇年）被冠上「不配稱為N射線發現者」的不名譽之罪。布隆德洛是法國南錫大學（現在仍與巴黎大學並駕齊驅的一流大學）的研究學者，也是傑出的物理學家，在一八〇〇年代後期提出多項優異的物理學研究，所以絕非來路不明的二流學者。

一八〇〇年代末到一九〇〇年代初，是物理學界充滿興奮與發現的時期，例如，一八九五年倫琴發現了X射線，之後幾年又陸續發現了α、β、γ射線。

布隆德洛基於服務的南錫大學，將發現的射線命名為「N射線」。發表N射線的一九〇三年，是物理學家都期待發現新型放射線的時代（與STAP細胞的氛圍相同），換言之，當時的氛圍都期待有人發現新型放射線。

布隆德洛在一九〇三年發表的論文指出，N射線的特性之一是使得電火花的亮度增強。他以目測的方式主觀評估電火花的亮度，而非任何客觀方式或裝置測量亮度。

布隆德洛是名聞遐邇的物理學家，發表N射線後，其餘物理學家無不跟進這項研究。公開發表後的幾年，相關論文如洪水潰堤般湧現，而且絕大部分來自法國的大學實驗室，每一篇都是確認N射線的存在以及相關的新特性。

布隆德洛研究室在這方面的研究當然領先群雄，而且當時他已經找到偵測N射線存在的決定性方法（而且也發表了），那就是以N射線照射塗有化學物質的螢光板，若是亮度增加，就代表N射線存在。

然而，即使有了這麼多相關論文出現，實驗的方式還是以目測衡量亮度的不同。而且測量時，布隆德洛還要求實驗人員「不能直視螢光板，而是以眼角的餘光觀察」。換成是今日，我們一定會問：「為什麼？」但是當局者迷，當時的實驗人員沒有深究背後的原因。

不過，不存在的東西是無法證明它存在的。一九〇四年，越來越多法國以外的科學家提出N射線不在存的反證，最後給予N射線擁護派致命一擊的是，若非法國的物理學家，就無法重現布隆德洛的實驗。摒除主觀，改以客觀方式測量亮度，更能突顯這項實驗無法複製的問題。

騷動如煙火般消逝

就在正反意見交錯之下，出現了否定N射線存在的最強力證據。美國物理學家羅博特．威廉．伍德為了親眼見證布隆德洛的實驗真偽，親自造訪布隆德洛的實驗室（據說是受《自然》雜誌所託）。

伍德這個人很獨特，常對物理學以外的事情感興趣，例如他很喜歡拆穿以通靈術之名、行詐騙之實的靈媒。這種精神也充份應用在驗證布隆德洛的N射線實驗上。

布隆德洛曾發表N射線無法穿過鉛的理論。伍德在布隆德洛的實驗室觀察N射線的效果展示後，得出了以亮度變化來證明N射線的存在，只是布隆德洛個人想像力的產物，一切只是布隆德洛的一廂情願。

N射線實驗之所以要在燈光昏暗的實驗室進行，是為了方便觀察放射線引起的亮度變化，但是伍德認為在昏暗的環境下測量亮度變化這點，只是布隆德洛的偏見，所以他想證明亮度的變化其實與N射線是否存在無關。

進行實驗時，伍德暗地裡在N射線來源與螢光板之間插入鉛板，以阻斷N射線。當然，他沒有告知布隆德洛這件事。伍德在實驗中做的小小手腳卻是決定性的關鍵。未插入鉛板阻斷N射線時，他卻告訴布隆德洛已插入鉛板，而插入鉛板阻斷N射線時，卻瞞著布隆德洛。

如果N射線真的存在，螢光板的亮度就會因為N射線被鉛板阻斷而變暗。

結果，伍德發現布隆德洛對亮度的判斷，會受到被告知有無鉛板的影響，例如，當布隆德洛被告知有插入鉛板（N射線被阻斷）時，就會得到亮度降低的報告；反之，他被告知沒有插入鉛板（N射線沒被阻斷）時，卻會得出亮度比較強的報告。

一九〇七年後，法國也沒人再提及N射線，唯獨一位科學家至死都相信N射線的存在，那就是發現N射線的布隆德洛。他一直相信N射線存在，也將人生奉獻給N射線的研究。

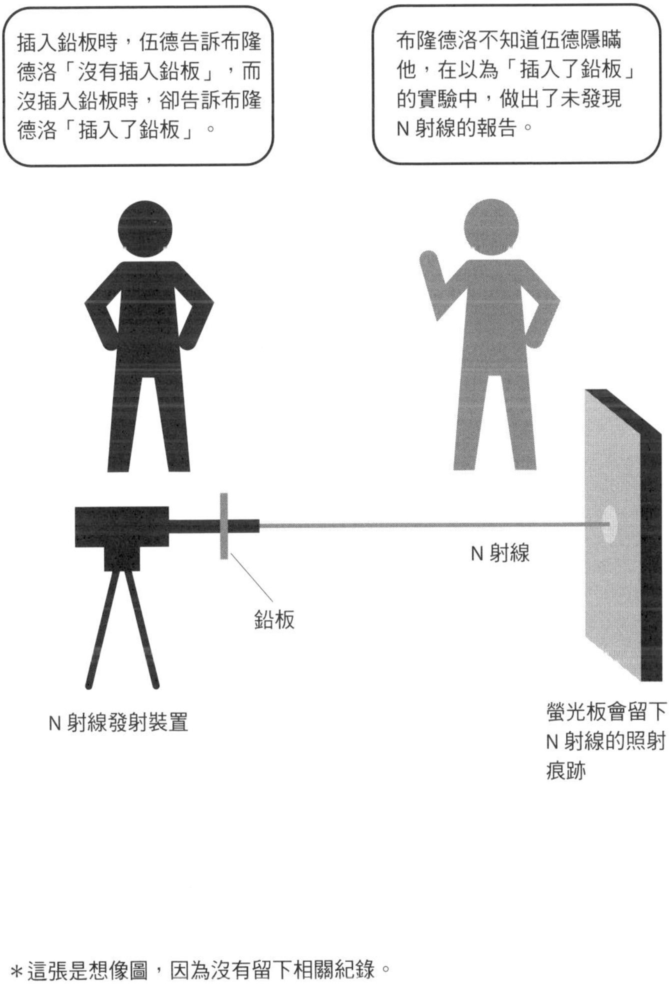
插入鉛板時，伍德告訴布隆德洛「沒有插入鉛板」，而沒插入鉛板時，卻告訴布隆德洛「插入了鉛板」。
布隆德洛不知道伍德隱瞞他，在以為「插入了鉛板」的實驗中，做出了未發現N射線的報告。
N射線
鉛板
N射線發射裝置
螢光板會留下N射線的照射痕跡

＊這張是想像圖，因為沒有留下相關紀錄。

若「STAP細胞」事件發生時，大家都知道這段歷史教訓，應該就會有不同的發展吧。

科學界的自然淘汰機制

只有第一個發現新科學的人，才會千古留名，所以研究者總是彼此競爭。這點跟互相競爭的專利程度不相上下。然而，一百一十年前的「N射線」就活生生被人指出其中的問題。

無論什麼時代，這類「爭第一」的事件總會一再發生，換言之，就是沒有學到教訓，然而這種虛假的科學，早晚都會被淘汰，因為和真正的科學有著本質上的差異。

Section 2 有多少技術消失了？

回顧消失的技術

有些工程創新會在一開始時遇到強大阻力，就像現在被視為理所當然的安全氣囊，也曾被本田公司的大多數員工反對。這件事在小林三郎的《本田創新的神髓》（日經BP社）一書有詳盡的描述。

若對技術發展史有興趣，不妨查一查現今已消失的技術，會發現許多有趣卻不見天日的技術，也有一些是曾一時束之高閣的技術。

大谷日文打字機

MAZDA 日文打字機

讓我為大家介紹幾個例子。

「文字處理機」：一九七八年，東芝點燃銷售戰火後，其他公司開始跟進。文字處理器在英文與日文的思維是不同的，例如英文的打字機只需確認拼寫是否正確，但是日文打字機卻得一邊判斷前後文的意思，一邊將日文假名轉換成漢字。在文字處理機開始銷售之前，市面上曾有上方照片這種日文打字機存在，然而無論是哪種機型，現在都找不到耗材了。

「BBCALL」：一九六八年，在ＮＴＴ還是日本電信電話公社的時候，東京有二十三區提供相關服務，到了一九九六年，用戶達到顛峰的一千零七十八萬人，並在二〇〇七年停止相關服務。BBCALL 曾是國中生、高中生最流行的通訊器材，所以一九八〇年代出生的人，應該會特別懷念吧。「BBCALL」→「PHS」→「行動電話」→「智慧型手機」是通訊器材的演進過程。

「銀鹽相機」：也就是傳統的底片相機，這或許還不能算是消失的技術。單眼相機和高級音響這兩者可說是日本高度經濟成長的高階技術象徵。不過現在底片相機製造商紛紛陷入經營困境。未陷入困境的製造商，例如富士底片，則是在其他領域有所斬獲與創新。光是富士與柯達二家底片公司的比較，就能寫成一本書。

再舉例下去，恐怕會沒完沒了，所以就到這裡為止。我真正想說的是，有許多風靡一時的技術，最後都慢慢消失了，而且在技術開發階段，就預知有一天這項技術終將消失。

開發者總是難以割捨過去的優秀作品。了解某項產品或技術問世的沿革後，就會不自覺地以相同的方式開發下一個產品或技術。

尤其是在該領域的草創時期開發的技術或產品，更會如此。一旦陷入這個陷阱，這家企業就會被時代所遺忘。換言之，必須拋棄過去的成功經驗，才得以存活。

Section

3

工程師的道路充滿荊棘？

社會對劣質產品越來越嚴格

為了讓全世界的人過著便利舒適的生活，工程師發明了許多產品。他們的目標是創造對人無害又安全的產品。然而這些產品本身也可能潛藏著危機，只要有個閃失，就有可能發生意外。在某些案例，工程師也可能因設計的產品不良而被問罪。

報紙與電視新聞常報導「工業產品意外頻傳」、「日本技術品質下滑」、「製造業欠缺職業道德」。然而這些是與事實相反的，因為這世界是不容許任何不起眼的意外發生，而且製造商也不會隱瞞小事故。大家可以看看下列資料。

雖然是有點舊的資料，召回的產品件數在這十年來增加了快五倍，產品意外的件數則在這十年來增加了三・五倍，上述這兩種情況在一九九五年之前都只有寥寥可數的幾件而已。

產品召回件數趨勢

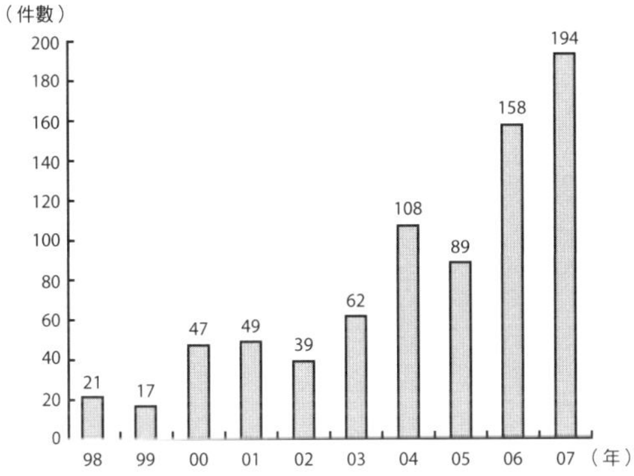

出處：產品評價技術基盤機構

產品意外件數的趨勢

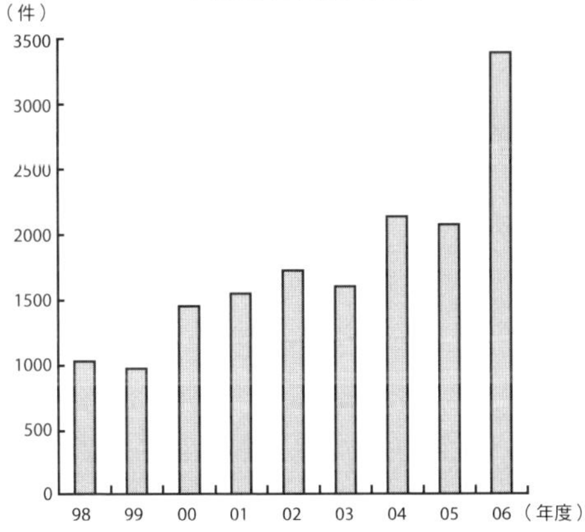

出處：產品評價技術基盤機構

新聞記者看到這些資料後，一定會認定是產品意外與產品召回的件數增加，但實情並不是如此。因為在這些資料曝光之前，那些「產品的品質最多只能做到這地步」的事件，就會被報導成產品劣化的新聞。

使用了三十年的電風扇

二〇〇七年，一台老舊電風扇引發的火災，造成兩位民眾喪命。這是件讓人沉痛的事故。此外，二〇一三年二月二十一日，長崎縣長崎市的團體家屋「Bell House」火災意外，也是因為加濕器引起的。

電風扇是三十年前的產品，而加濕器則是十年前就開始通知回收的產品，造成意外的加濕器可以說是回收的漏網之魚。

三十年前的電風扇，不用一萬日圓就能買到，而十年前的加濕器，也算是小型產品，所以要價也不到一萬日圓。即使是售價超過一百萬日圓的汽車，若停產超過十年，也會因為沒有維修零件而無法修理。家電工程師就是得在如此嚴峻的情況下，與外國製造商（主要是中國、韓國）競爭。

在這些事故裡，產品設計者不會受到刑事處理，但是製造商卻得召開記者會道歉，也得賠償顧客，而獨立行政法人產品評價技術基盤機構也會指出，電風扇引起的火災並非因為消費者的「錯誤使用」與「粗心大意」而造成，反而是和其他十一件起火意外同樣分類為「產品造成的事故」。

換言之，設計者必須預測產品在三十年後的狀態，再根據預測結果設計產品的構造，否則有可能會造成公司莫大的損害，而且審視產品的標準也越來越嚴格，絕不可能高高舉起、輕輕放下。

只使用舊技術可減少意外發生？

若不挑戰新技術，只使用陳腐的舊技術製造產品的話，就比較不會引發意外，可是這樣生意也會做不下去。之前日本流行「當老二不行嗎？」這句行語，但在科學與技術的世界裡，不拚命走在前頭，就無法在全球化的競爭中勝出。意外固然要想辦法避免，但也不能因為害怕意外而放棄挑戰新技術。

今後，工程師必須面對社會漸趨嚴格的標準，同時與國外的製造商周旋。

然而，除了部分的天才外，一般人沒走到絕路就無法發揮實力，但也能反過來說，充滿競爭的社會，就是可以把凡人變成天才的社會。

Section

4

你不知道誰會使用你的產品

失敗學的重要性

研究的成功與失敗，可說是技術前進的兩個輪胎，缺一不可。你不會知道費盡心思開發出來的產品，會在什麼狀態下由誰使用，只能設想所有可能的狀態，盡可能保護使用者的安全。這是工程師必須挑起的使命。

東大名譽教授畑村洋太郎之所以會創立失敗學會，也是為了宣揚「失敗學」的重要性。這個學會的創立宗旨如下。

在各種生產活動之中，意外與失敗是司空見慣的事。有些意外與失敗不太嚴重，有些則會形成損失、讓人受傷，有的甚至會造成眾多傷亡。

「失敗學」就是要釐清這些意外與失敗的原因，也是防範這些衝擊經濟、造成人員傷亡與失敗於未然的學問。

為了打造安全的社會，工程師必須學習失敗學，早一步阻止意外與災害發生。容我重申一次，工程師所處理的事務本身就潛藏著危險性。

工程師必須有先見之明

所有的工程師都是 pro（先）＋ Matheus（思考的人），都是從天界偷取火種帶到俗世、造福人群的普羅米修斯（Prometheus）。工程師操作的是危險物品，若不懂得先一步思考，就無法防範意外發生。分析過往的例子，找出意外與失敗的共通之處，然後從中思考出嶄新的手法與創意，正是工程師的工作，而這樣的工作也蘊藏著樂趣與醍醐味。

楊傑美曾留下這句話：「創意只是現存元素的組合。」這不是貶低創意。某人說過：「麵包與肉是早就存在的食物，但在二十世紀之前，沒有人想到漢堡這種食物。」

承上所述，預防事故發生的靈感也可從前所未有的組合中挖掘，所以工程師必須成為普羅米修斯，而且必須一直是「先一步思考的人」。

你不知道產品的使用者是何人

無論是工業或是商業產品，你不會知道開發出來的產品，是在什麼狀況下由誰使用。當然也可以憑藉之前的經驗或資料預測。

但是「預料之外」的情況也常發生。所以意料之外的情況也必須預先推測到。受限於預算與利潤的衡量，不可能無限放寬預測的範圍，但是只為可預測的情況擬定對策，是不夠充份的，要是不小心有個萬一，組織負責人就得在鏡頭前低頭認錯了。

如果只是負責人低頭認錯就能解決的，還算小事，最怕的是整個組織因此倒閉，甚至連設計者本人也有可能因此入獄。

除了可預料的狀況外，必須連因應意外的對策都一併思考。或許可交由第一線的人員因應，利用危機處理手冊讓第一線的人員知道如何處理危機。其實負責設計的工程師必須做到這地步才算周詳。

Section 5 工程師眼中的創新是什麼？

過去的教育無法培育出挑起二十一世紀的工程師

克里斯汀生博士的《創新的兩難》以及其他兩本以創新為題的書，都在告訴我們，創新是多麼地重要。克里斯汀生博士在這三本書裡以企業的創新為例，但也可套用在個人身上。

越是優秀與熱愛學習的工程師，越容易陷入創新的兩難。在專業領域長年學習與研究而不斷成長的工程師，雖然很專業，但視野也常因此變得非常狹隘，而且破壞性的創新可能會讓過去一切學習到的知識，化為無用之物。

面對這種創新，任誰都會感到莫大的危機吧。可是過去重視毅力與背誦的填鴨式教育，很難培育出開創新時代的工程師。

工程師的證照寫著「技師」兩個字，而技師屬於國家級證照，所以這張證照也是由法律定義，相關的定義如下：

第二條

本項法律提及的「技師」是指經過第三十二條第一項註冊，以技師之名，以科學技術（不包含人文科學。以下皆同）相關的**高階專業應用能力**從事或指導相關的計畫、研究、設計、分析、實驗、評估業務（不包含受其他法律所限的業務）。（粗體字為筆者所加）

技師考試的合格與否，主要是由筆試決定。應試者需要具備專業知識、應用能力與解決問題能力，應試資格分成很多項，一般來說得擁有七年的從業經驗才能參加考試，無論在學時成績多麼優秀，都不能參加考試。這點與其他難以考取的證照有著極大的差異。

經過長期主辦這類考試講座，我想到一件事，那就是考試時，必須要掌握透過白紙黑字來回答與技術相關的能力。因為考官不可能去現場看每位考生在公司是如何執行業務的。

沒有正確答案的範本嗎？

從日常業務找出問題，再利用過去所學的知識與經驗解決新問題的能力，就是所謂的應用能力。

換言之，應用能力就是要能動員腦袋裡所有相關知識與經驗，解決未知的問題，所以那些學員要求講師針對測試這項應用能力的考試，提供正確答案的範本，到底是怎麼一回事？

若只需要知識就能應答的選擇題，做做考古題就能合格，講師也只需要讓學員記住常出的考題就可以了。可是需要應用能力才能做答的筆試，就絕對無法只靠背誦考古題答案就能及格，否則豈不是無法測出考生的應用能力。

最近接受技師考試的工程師，幾乎都是一流大學畢業、在一流製造商服務的工程師（最近也多了不少公務員應試），換言之，都是在校成績優異的人，而且大部分是有點年紀也擅長背誦的人，所以才會想以背下答案的方式應試。

不過，他們看錯方向了。

東大工學部也變了樣

根據在失敗學會年度大會演講的東大工學部I教授的說法，他在工學部開的「創造設計」課程，現在沒有半名日本學生報名。聽說是因為全英語教學，所以日本學生不願選課。日本學生在幾年前就開始減少，到現在只剩下留學生。

此外，在泡沫經濟瓦解之前，有許多日本學生在各國一流大學就讀，但現在人數已銳減，也有相關的資料證實這點（國際教育研究所的調查）。

哈佛大學的大學部與研究所的學生人數合計

一九九二至一九九三年度→二〇〇八至二〇〇九年度

日本人：一七四人→一〇七人

中國人：二三一人→四二一人

韓國人：一二三人→三〇五人

如果只看大學部的學生，情況更糟。換言之，上述的人數幾乎是研究所學生。下面是只有大學部學生人數的資料。

哈佛大學二〇〇九年大學部學生人數

日本人：五人

中國人：三十六人

想必大家都知道，韓國的人口不到日本的一半，而且與日本一樣，逐漸走入少子化與高齡化的社會，所以大學生的人數也不太多，但是為什麼上述的人數資料會有八倍以上的差距呢？

一如上述數字佐證的，哈佛大學首位女性校長德魯．吉爾平．福斯特曾說過：「日本學生與老師似乎不愛在國外冒險，只喜歡待在舒適的日本。」

這或許說明了，到目前為止，沒有願意打破傳統、開創新事業的學生。

如果東京大學或京都大學的大學排名，仍可在這樣的狀況下不斷提升，或許還令人較不擔憂，然而現況卻是排名不斷地下滑。

這當然不是學生的問題，而是我們這個世代的責任。我希望學生能努力走出舒適圈。

培育個性鮮明不是靠培育出來的，因為個性鮮明的人不受限於常規。

捨棄故步自封的自己，稍微探頭看看外面的天空，能讓自己走進不同的世界。若不想成為走出海底龍宮、才發現世界已截然不同的浦島太郎，那就不該耽於舒適的國內環境。

Section 6

從今以後的工程師論

爆發性的資訊與進步神速的技術

相較於十年前，工程師接觸的技術資訊呈爆炸性的增加。即使將範圍限縮至自己的專業領域，資訊量還是遠遠超過從前。

或許以下數據不那麼精確，但日本總務省指出，在一九九六年到二〇〇六年的十年內，每個人可接觸的資訊量增加了五百三十倍。姑且不論五百三十倍這個數字正確與否，但說明了可接觸的資訊量比起十年前、二十年前，呈現出壓倒性的增加。

如果把自己關在專業領域裡，就無法想出新點子。容我重申一次，創意只是現存元素的組合，不接觸其他領域的資訊，就不知道它們是否有用。創新總在意外之處誕生。

工程師可以留意的領域

ＩｏＴ、工業四．〇，以及人工智慧的知識、資訊，已和各領域專業產生關聯。如果是年輕人的話，應該都聽過「二〇四五年問題」這個技術議題吧，簡單說，那就是人工智慧超越人類智慧的一年。業界認為，這現象會在二〇四五年發生，所以又稱為「二〇四五年問題」。

我不確定二〇四五年是否真會如此，可能提早，也可能延後，而且我也不確定已開發國家的技術接下來會如何演進。就目前的科技來看，日本在高端技術的部分還算有競爭力，但在商品化（即以價格而非品質優勢的商品）這點，卻毫無競爭力可言。

在本書執筆之際，恰巧發生韓國智慧型手機自燃問題，這對製造商是致命性的打擊，立刻影響北美的銷售市場。更糟的是，美國交通運輸部還在二〇一六年十月十四日宣佈，禁止攜帶曾發生問題的手機登機，違者將處以刑事責任。

現階段，日本製造商還未針對這個問題採取任何預防措施，而且還投入平價智慧型手機的製造。我只能說，這根本搞錯了方向。

逃避全球化競爭的日本製造商

以全球標準來看，日本絕非小國，即使人口逐漸減少，人口數仍是世界第十大，就連國土面積也是二百個國家或地區之內的第六十二。會有「遠東小島國」的刻板印象，恐怕是受到已故作家司馬遼太郎的小說《坂上之雲》的影響。

歐洲只有三個國家面積比日本大，分別是法國（五十一萬平方公里）、西班牙（五十萬平方公里）和瑞典（四十五萬平方公里），連德國（三十五．七萬平方公里）也比日本（三十七．七萬平方公里）小一點。

雖然不是小國，然而日本製造商卻只能守住國內市場的業績。雖然是差強人意的業績，卻是不需要與國外競爭就能存活的市場規模，所以日本的出口占GDP的比例在二百個國家或地區中，屬於後段班的百分之二十五，二〇一五年的出口依存度為百分之十一．四，換言之是內需大國。以韓國而言，出口占GDP的比例為百分之四十三．四，是非常高的比例。

接下來的內容或許可以一笑置之，不過日本人不熟悉英文可能是上述現象的原因之一。多數領域的書籍都有日文版，出版社也會編列相關的預算。能讀到日文版，又何必勉強自己學英文呢？學生時代或許為了考試學習英文，但出社會後，使用英文的機會減少了，即使是工程師，有些領域也幾乎不需要英語能力。

讓我們回到原本的話題。日本已進入前所未見的生產年齡人口減少時代，今後人口也將以每年數十萬人的程度減少。若不採取極端的移民政策，就無法阻止人口減少的問題，而且就民族性而言，日本國民也不可能接受每年數十萬的移民來到日本。

一旦如此，單憑國內市場就無法達到大型企業的業績目標。現在亡羊補牢還來得及，日本遲早要面對全球化的競爭。

結語

每個時代都需要技術

與考試用書不同，寫這本書耗費了我不少時間。

因為是針對想要走上工程師這條路的年輕人，以及正處成長階段的工程師，我盡可能寫了許多想說的、想傳達的內容。

我相信，工程師的成長就是企業的成長，最終也能促成社會與國家的發展與成長。由此可知，你的角色非常重要。

我已經很久沒聽到技術黑箱的說法，我認為工程師今後必須以更大的聲量傳承技術。

無論是核能電廠發生意外時，或是豐洲市場的汙染問題，身為專業人士的工程師都該大聲向社會說明，擔起責任。專業技術不該由電視上的名嘴說三道四，而是得由該領域的專家說明，否則毫無根據的意見就會四處散佈。

我們很難想像今後的科技會如何迅速發展，但是背後的推手絕對是工程師。不管時代如何演變，工程師開發的新技術，都能讓社會變得更美好。

接下來稍微改變一下話題。江戶時代有位名叫本居宣長的國學專家，這名字也在日本古典文學與日本史教科書出現，所以就算是一路選讀理組的人，應該也知道這號人物。本居宣長寫了一本《初山踏》的學術書籍。由於他有很多門徒，所以他將門徒想要學習的研究方法，也就是現在所說的方法論，寫成這本專書。

雖然今日讀來，這本書也有一些不合時宜的地方，例如全人類必須學習「天照大神之道」，所以若是從頭讀到尾，肯定會覺得很無聊。

不過他也在書裡提到，所謂研究學問，「不倦不怠地持續學習」是最重要的，方法論一點都不重要。

即使宣長老師的時代距今已超過二百年，我仍然非常贊同這句話。

謹在此以現代的話語轉述其中一小段內容和大家分享：

無論何種學問，都有很多種學習方法，而且順序也有一定的邏輯。傳授這些學習方法，或是指出哪種學習方法比較好，是一件簡單的事，但是傳授這些內容會有任何好處嗎？還是會嘗到預料之外的惡果呢？我們很難判斷。研究方法因人而異，所以就結論而言，作學問這件事的重點在於經年累月的努力，以及孜孜不倦地學習，至於學習方法則是一點也不重要，我自己也不是那麼重視所謂的研究方法。

簡單來說，就是不囿於方法論，持之以恆地學習才是重要的。這是宣長老師很重要的一段話。

要以工程師的身份走過這一生，就必須一輩子努力學習、研究與調查相關知識。如果能持之以恆，任誰都可成為一流的工程師。

此外，我也希望以工程師為業的讀者，都可以一輩子走在工程師的道路上。隨著年齡增長，或許管理職的業務會比重越來越大，甚至有可能成為經營者，或是獨立創業。

然而，我還是希望大家心中記得發明的那份喜悅。無論是有形的產品或是無形的服務和程式，相信你或你和團隊、部屬的發明，能讓這個社會變得稍微美好些，如果在這個過程中能展現你的能力、興趣與價值觀，那麼你絕對是一位幸福的工程師。

或許有讀者發現，本書鮮少使用第一人稱的角度敘事。主要是不想放入太多個人的熱情，希望以第三人稱的角度說明事實與方法，至於是否真的做到了，就由各位評斷了。

另外，我將本書的焦點放在實用的知識與經驗上，希望各領域的工程師都能應用得上。

書裡的任何一段內容，如果能有助於讀者的工作，那真是筆者無上的喜悅。

行文至此，要感謝在本書出版之際，予以諸多協助的宇治川裕以及日本實業出版社的中尾淳。若沒有這兩位的幫助，本書絕對沒有機會問世。在此雖不足以表達謝意，但還是謹此答謝。

在此也藉著這個機會，鄭重感謝在我文思枯竭時，給予各種靈感、建言以及幫忙整理問題的大谷更生與 Value up Brain 公司董事長細田收，本書也分享了他們許多的點子。

本書提及許多我舉辦講座與研修的經驗。我的研修技術與知識全來自生命講師實踐會代表的寺澤俊哉，以及講座設計師野村惠美子。我這個不成材的弟子一定讓他們添了不少麻煩，故在此感謝兩位師傅。

最後，以一句我常送給技師講座學員的贈言作為結尾：

Where there's a will, there's a way.

有志者事竟成

——林肯

参考書目

『ギュスターヴ・エッフェル　パリに大記念塔を建てた男』西村書店　アンリ・ロワレット著・飯田喜四郎・丹波和彦訳
「日本技術士会のWebサイト」
「日本機械学会のWebサイト」
『仕事が早くなる！ CからはじめるPDCA』日本能率協会マネジメントセンター　日本能率協会マネジメントセンター編
『技術者倫理』放送大学教育振興会　札野順著
『技術者倫理入門』丸善　小出泰士著
『事故から学ぶ技術者倫理』工業調査会　中村昌允著
『自分の小さな「箱」から脱出する方法』大和書房　アービンジャー・インスティチュート著・富永星訳
「失敗知識データベース」(http://www.sozogaku.com/fkd/index.html)
『ライトついてますか』共立出版社　G・M・ワインバーグ著・木村泉訳
『本当に役立つTRIZ』日刊工業新聞社　TRIZ研究会編

『感動を売りなさい』幸福の科学出版社　アネット・シモンズ著・柏木優訳
『シンプルプレゼン』日経BP社　ガー・レイノルズ著
『世界最高のプレゼン教室』日経BP社　ガー・レイノルズ著
『「超」発想法』講談社　野口悠紀雄著
『超「超」整理法』講談社　野口悠紀雄著
『アイディアのちから』日経BP社　チップ・ハース&ダン・ハース著・飯岡美紀訳
『現代用語の基礎知識2015』自由国民社
『レシピ公開「伊右衛門」と絶対秘密「コカ・コーラ」、どっちが賢い？　特許・知財の最新常識』
　新潮社　新井信昭著
『はじめての知的財産法』自由国民社　尾崎哲夫著
『永久機関の夢と現実』発明協会　後藤正彦著
『エンジエアが30歳までに身につけておくべきこと』日本実業出版社　椎木一夫著
『エンジエアの勉強法』日本実業出版社　菊地正典著
『「理系」の転職』大和書房　辻信之＋縄文アソシエイツ共著
『「心理テスト」はウソでした』日経BP社　村上宣寛著
『職場学習論』東京大学出版会　中原淳著

『東大で生まれた究極のエントリーシート』日刊工業新聞社　中尾政之他著
『オプティミストはなぜ成功するか』パンローリング株式会社　マーティン・セリグマン著・山村宜子訳
『技術士独立・自営のススメ』早月堂書房　森田裕之他著
『弁理士をめざす人へ』法学書院　正林真之著
『ゼロから1を生む思考法』三笠書房　中尾政之著
『技術経営論』東京大学出版会　丹羽清著
『ウソはバレる』ダイヤモンド社　イタマール サイモンソン、エマニュエル ローゼン共著・千葉敏夫訳
『背信の科学者たち』講談社　ウイリアム・ブロード、ニコラス・ウェイド共著・牧野賢治訳
『技術を武器にする経営』日本経済新聞出版社　伊丹敬之・宮永博史共著
『技術者のためのマネジメント入門』日本経済新聞出版社　伊丹敬之・森健一共著
『世界で最もイノベーティブな組織の作り方』光文社　山口周著
『世界一役に立たない発明集』ブルース・インターアクションズ　アダム・ハート＝デイヴィス著・田中敦子訳
『科学が裁かれるとき』化学同人　ベル著・井山弘幸訳
『科学と妄想』早稲田大学人文自然科学研究第28号　小山慶太著
『イノベーションのジレンマ』翔泳社　クレイトン・クリステンセン著・伊豆原弓訳
『設計のナレッジマネジメント』日刊工業新聞社　中尾政之・畑村洋太郎・服部和隆共著

『トリーズ（TRIZ）の発明原理』ディスカヴァー・トゥエンティワン　高木芳徳著
『スウェーデン式　アイディア・ブック』ダイヤモンド社　フレドリック・ヘレーン著・鍋野和美訳
『失敗百選』森北出版　中尾政之著
『失敗は予測できる』光文社　中尾政之著
『技術とは何か』オーム社　大輪武司著
『新・機械技術史』日本機械学会　天野武弘・緒方正則他の共著
『ガリレオの指』早川書房　ピーター・アトキンス著・斉藤隆央訳
『イノベーションの最終解』
翔泳社　クレイトン・クリステンセン、スコット・アンソニー、エリック・ロス共著・櫻井祐子訳
その他、インターネットの各種情報

工程師的養成和成長

高科技競爭時代各領域工程師的職場生存策略

作　　者　匠習作
譯　　者　許郁文
社　　長　陳蕙慧
主　　編　劉偉嘉
校　　對　魏秋綢
排　　版　謝宜欣
封面設計　萬勝安
行銷企畫　李逸文、闕志勳
集團社長　郭重興
發行人兼
出版總監　曾大福
出　　版　木馬文化事業股份有限公司
發　　行　遠足文化事業股份有限公司
地　　址　231新北市新店區民權路108之4號8樓
電　　話　02-22181417
傳　　真　02-22180727
Email　service@bookrep.com.tw
郵撥帳號　19588272木馬文化事業股份有限公司
客服專線　0800221029
法律顧問　華陽國際專利商標事務所　蘇文生律師
印　　刷　成陽印刷股份有限公司
初　　版　2018年10月
定　　價　350元
ISBN　978-986-359-590-8

國家圖書館出版品預行編目(CIP)資料

工程師的養成和成長：高科技競爭時代各領域工程師的職場生存策略／
匠習作著；許郁文譯. -- 初版. -- 新北市：木馬文化出版：遠足文化發行, 2018.10
面；　公分 --（Advice；51）
ISBN 978-986-359-590-8（平裝）
1. 職場成功法　2. 工程師
494.35　107014326